KB022700

하루 5분의 초록

관찰하는 식물화가의

도시나무 안내서

한수정 지음

하루 5분의 초록

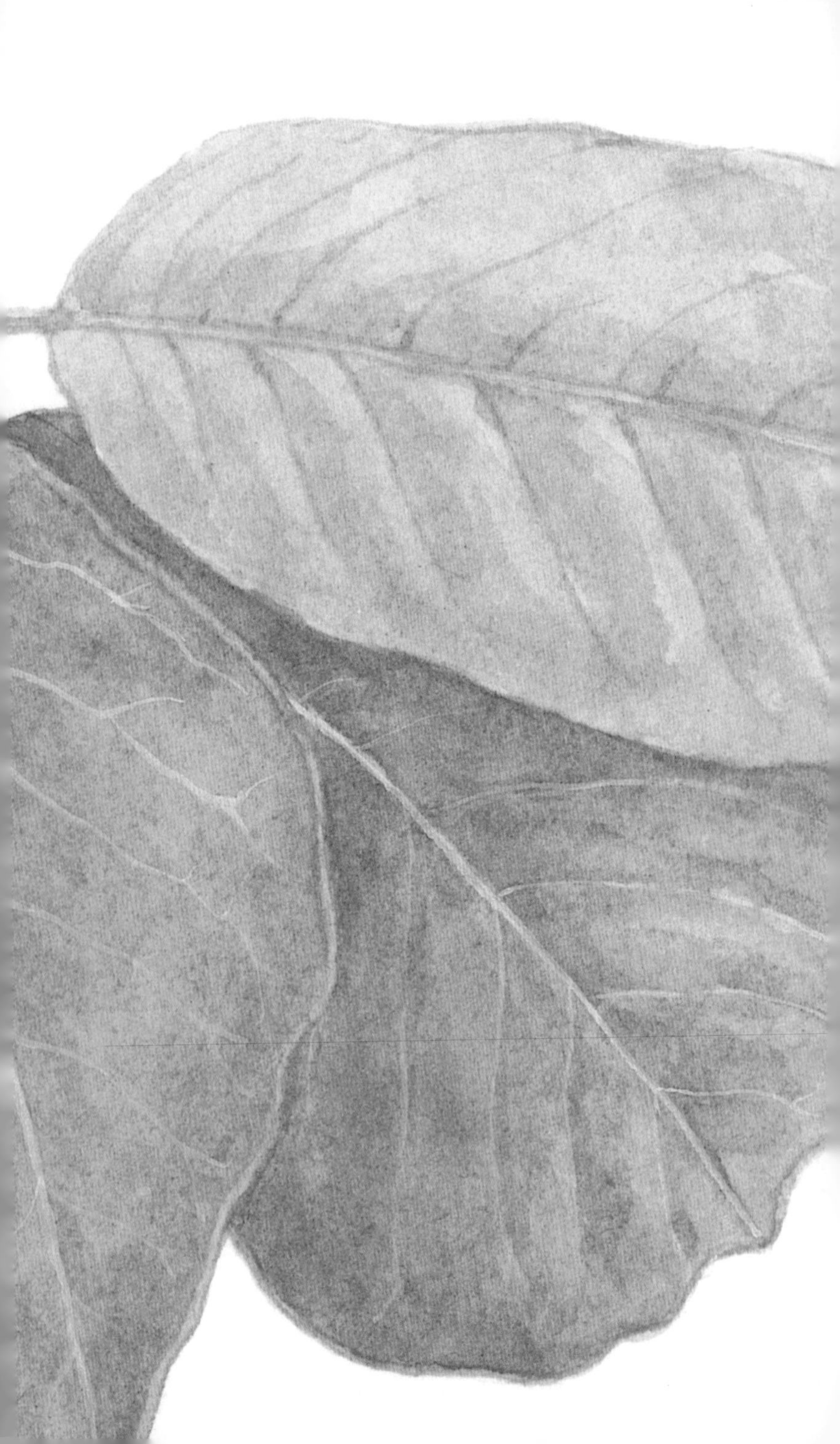

초록이 필요한가요?

멀리 숲으로 가지 않아도 돼요.
이미 초록은 당신 곁에 있답니다.

Prologue 　'하루 5분' 정도의 작은 시간

안녕하세요. 이 책에서 여러분과 동행해 주변의 나무들을 살펴볼 식물화가 한수정입니다. 잠시 저의 이야기를 먼저 들려드릴까 해요.

미술 대학을 졸업하고 아무런 꿈이 없던 저는 조경업을 하시는 아버지를 도우러 시골의 식물 농장에 내려와 일을 했어요. 조경에 쓰이는 작은 초화류를 재배하는 곳이었는데 주로 씨앗을 심고 물을 주며 식물을 돌보는 일을 했지요. 그때만 해도 저는 식물에 대해 아는 것이 없었는데요. 아버지는 그런 저에게 식물의 이름을 외우려면 매일 농장을 한 바퀴씩 돌며 식물과 그 이름을 살펴보라고 하셨어요. 그런데 정말 신기하게도 얼마 후 그 많은 식물 이름을 모두 알게 되었답니다. 또 하나 놀라운 경험은, 처음엔 모두 똑같아 보이던 잎들이 색과 질감, 모양까지 다 다르게 보이기 시작했어요. 저는 그렇게 처음 식물과 교감을 나누었습니다. 꽃이 지면 씨앗이 생기고 그걸 다시 흙에 심어 물을 주면 새싹이 나오는 신비로운 과정을 보면서 미술과 식물을 엮는 작업을 하고 싶다는 막연한 생각이 마음속에 자리 잡게 되었어요.

하지만 결혼, 외국 생활, 육아를 병행하며 그 꿈을 잊고 지냈어요. 그러던 어느 날, 우연히 시카고 보타닉가든에서 모집하는 클래스 공고를 보고 '보태니컬 아트(botanical art)'라는 분야가 있다는 걸 알게 되었답니다. 당장 그 수업에 등록하고 싶었지만 아이들이 너무 어려서 불가능했어요. 방법을 찾던 중에 영국의 한 단체에서 우편으로 그림을 주고받으며 배우는 수업을 운영한다는 걸 발견했어요. 아이 둘을 데리고 여러 나라를 옮겨 다니면서도 수업을 들을 수 있으니 저에겐 단비 같은 기회였지요. 그렇게 식물을 그리기 시작하며 다시 꿈을 꾸고, 외국 생활과 육아에 지친 저를 조금씩 다독여나갔습니다.

그 후엔 한국에 들어와 춘천에 자리를 잡게 되었어요. 집 근처에 강원도립화목원이 있었는데요. 일주일에 두세 번씩 들러 예전에 그랬던 것처럼 같은 길을 돌며 나무와 풀들을 만나기 시작했습니다. 굉장히 다양한 종류의 나무와 풀들이 있어서 식물을 공부하며 그림을 그리기에 더할 나위 없이 적합한 곳이었지요. 나무에 대해 지식이 많은 건 아니었지만 무작정 찾아가서 관찰하고, 사진을 찍고, 그림으로 그렸어요. 도감이 아니라 온전히 내 눈을 통해서 나무를 만나고 알아가는 시간이었어요. 그렇게 2년을 보내자 강원도립화목원의 모든 나무가 저의 친구가 되었습니다. 보이지 않았던 것들이 보이기 시작했고, 꽃이 지고 열매가 익어가는 모든 과정을 옆에서 직접 지켜보았어요. 이른 봄에 나무마다 틔워내는 새싹들을 처음 봤을 때의 벅차오름은 아직도 잊을 수가 없네요.

그 즈음부터 내 일상의 주변에 있는 나무들에도 관심이 가기 시작했습니다. 주변을 살펴보니 도시에도 분명 자연이 존재하고 있었어요. 도시 곳곳에 있는 나무와 풀들도 화목원에 있는 나무와 풀들처럼 자연의 흐름에 따라 변화하고 있었죠. 다만 우리가 바쁜 일상에 쫓겨 미처 그들을 바라볼 새가 없었던 것 같아요.

어떤 나무인지 몰라도 숲에 있으면 그냥 기분이 좋지요. 초록의 색 자체가 주는 편안함, 식물이 뿜어내는 좋은 기운 때문일 거예요. 그걸 느끼기 위해 우리는 식물원으로, 숲으로 떠나죠. 그런데 '숲에 간다'는 것과 '나무를 관찰한다'는 것은 좀 다른 영역 같아요. 관찰은 걸으며 지나치는 게 아니라 주의를 기울여 변화를 지켜보고, 만져보고, 지금 어떤 상태인지 살펴보는 것이에요. 또 보고 싶은 것만 보는 게 아니라 있는 그대로 보고 대상을 알아가는 것이죠. 그래서 관찰은 관심의 표현이자 사랑하는 방법이라고 생각해요.

저는 나무를 '관찰'하면서 모르고 지나쳤던 정말 많은 것들을 새롭게 발견했어요. 그리고 세상을 아주 조금은 더 사랑하게 된 것 같아요. 특히 도시 속 나무들과 친구가 되면서부터는 일상이 좀 더 소중하고 즐겁게 느껴졌고요. 하지만 누군가 도와주지 않으면 스스로 '관찰의 관점'을 갖기가 어려운 것 같아요. 어려서 배울 수 있었다면 가장 좋겠지만 지식 위주의 우리 사회에서 관찰이란 시간 낭비처럼 취급되는 게 사실이니까요.

이 책을 통해 여러분께 도시에, 내 주변에 살고 있는 나무들과 친해지는 법을 알려드리고 싶어요. 식물학적 지식이 아니라 나무를 발견하고, 지켜보고, 만져보는 과정을 통해서 친해질 거예요. 제가 그랬던 것처럼요. 그리고 제가 경험한 일상의 변화를 여러분도 꼭 느껴보셨으면 합니다. 앞만 보고 걷는 사람과 잠시 멈춰 서서 집 앞에 있는, 버스정류장 앞에 있는 나무를 바라볼 줄 아는 사람의 일상은 정말 다르답니다. 여러분이 준비해야 할 것은 '하루 5분' 정도의 작은 시간뿐이에요.

『하루 5분의 초록』을 소개합니다

이 책에는 '도시에 사는 나무'들만 담았어요. 도시에 살기 적합한 나무는 따로 있답니다. 일단 공해에 강해야 하고, 가로수 역할을 해야 하니까 외형이 수려하고 녹음이 짙어야죠. 도시나무는 사람들로부터 많은 사랑을 받기도 하지만 점점 심해지는 공해를 견뎌야 하니 미안한 마음이 들기도 해요.
여러분 주변에서 어렵지 않게 이 책에 있는 나무들을 찾을 수 있을 거예요. 그리고 어떤 나무와 친구가 되면 도시 어디에서나 같은 나무들을 만나게 될 거예요.

책은 크게 두 개의 파트로 구성되어 있어요.

〈Part 1. 도시에서 나무를 만나는 16가지 방법〉에서는
나무와 가까워질 수 있는 저만의 방법들을 소개합니다.
보통은 '와, 나무가 있네' 정도로만 생각하고 지나치기 쉬운데요.
이파리, 꽃, 열매, 몸통 등 구석구석을
어떻게 관찰하고 즐기면서 나무와 교감하면 좋을지
구체적인 방법들을 안내했어요.

〈Part 2. 나무 ________와 알아가기〉에서는
본격적으로 30가지 도시나무를 소개합니다.
봄, 여름, 가을, 겨울 흐름에 따라
발견하기 쉬운 순서로 배치해두었으니 참고해주세요.

Part 2는 이렇게 활용해보세요.
집 앞, 출퇴근길, 산책 코스…
우리들의 일상에는 많은 나무들이 살고 있어요.
먼저 마음에 드는 나무를 하나 정한 후
이 책을 들고 아직은 이름을 모르는 그 나무 곁으로 가봅니다.
그리고 책에 있는 나뭇잎 스탬프 그림 중에서
내 앞에 있는 나무와 잎 모양이 같은 것을 찾아보세요.
나무의 잎은 사람의 지문과도 같아요.
잎 모양이 똑같은 나무는 하나도 없답니다.

비슷한 잎을 찾았다면
다음 페이지로 넘겨 구체적인 단서들도 확인해보세요.
겨울눈, 꽃, 열매의 생김새까지 살펴보면
그 나무가 맞는지 확신이 생길 거예요.

드디어 그 나무의 이름을 알게 되었나요?
그렇다면 '내 주변에서 만난 _______와 친해지기' 코너를 보세요.
나무와 친해질 수 있는 다양한 방법들을 제안해두었습니다.
그 방법들을 행동으로 옮기면서
글이 아니라 몸으로 나무와 사귀어보세요.

용어 알아두기

수형

줄기, 가지, 잎 등이

이루는 나무 전체의 모습

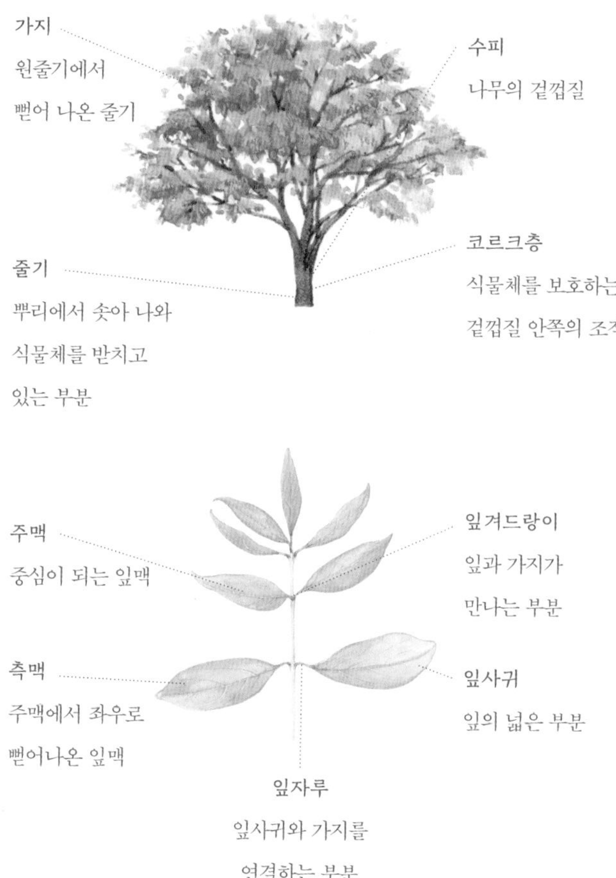

PART 1

도시에서 나무를 만나는 16가지 방법

PART 2

나무 ______와 알아가기

PART 1 도시에서 나무를 만나는 16가지 방법

"만남의 시간은 10초면 돼요. 빠른 도시의 속도에서 잠시 벗어나
10초의 여유를 갖는다면 자연과의 만남을 경험할 수 있어요.
그렇게 매일 짧은 만남을 이어가며 조금씩 자연의 흐름 안으로 들어가보세요."

#1 지금 걷는 이 길이 산책길이라고 생각해보세요

하루 중 어딘가를 향해 걷는 시간. 무심코 늘 지나다니던 이 길을 잠깐이나마 산책길이라 여겨보면 어떨까요? 걸음을 조금 늦추고, 길 위에 있는 풀과 나무에게 안부를 묻는 거죠. 산책이 뭐 별건가요? 그건 따로 시간을 내어 하는 특별한 게 아니에요. 주변을 둘러보는 여유를 갖는 순간 산책은 시작되지요.

고개를 들어 햇빛에 반짝이는 나뭇잎의 흔들림을 바라볼 수도 있고, 작게 매달린 열매들을 바라보며 깊어가는 가을을 느낄 수도 있어요. 바닥에 떨어진 단풍잎이나 꽃잎을 줍는다고 뭐라고 할 사람은 없지요.

잠시라도 좋으니 산책 삼아 나무와 풀을 만나는 시간을 가져보세요. 조급하거나 답답하거나 무겁거나 헐거워진 마음을 모두 내려놓고요. 잠들어 있던 오감을 깨워 내 앞의 나무와 마주하는 거예요. 매일 보아왔음에도 낯선 나무와의 만남은 일상에 작은 변화를 가져다줄 거예요.

자, 지금 어디론가 향하고 있었다면 잠시 생각을 바꿔 나만의 짧은 산책을 시작해보는 게 어떨까요?

#2 마음이 가는 나무 앞에 10초만 멈춰보세요

여러분 곁에는 어떤 나무와 풀 들이 함께 살아가고 있나요? 어떤 색의 꽃이 피고, 어떤 모양의 열매가 달리며, 어떤 빛깔로 잎이 물들어가는지 가만히 바라본 적이 있나요? 버스 정류장 주변, 매일 지나치는 아파트 입구의 화단, 점심시간 후 산책길에서 만나는 일상의 자연을 여러분은 얼마나 즐기고 있나요?

도시에는 생각보다 많은 나무와 풀이 우리와 함께 살아가고 있어요. 도로변의 큰 교목과 도심 공원의 작은 꽃나무들, 화단을 이루는 다년초 꽃들과 길모퉁이 틈새에 피는 이름 모를 들풀까지…. 주의를 기울여 살펴보면 놀라울 정도로 다양한 식물이 우리 곁에 있답니다. 같은 공간에 살아가면서도 이들을 쳐다보지 못했던 건 도시의 속도가, 또 우리 삶의 속도가 너무 빠르기 때문이 아닐까요?

내 주변의 자연과 만나기 위한 첫 번째 단추, 그것은 도시의 속도에 길들여진 나의 속도를 늦추고 잠시나마 멈춰 서는 거예요. 누군가를 만난다는 것은 짧게라도 시간을 가지고 서로 바라보고 대화를 나누는 일이죠. 스쳐 지난 순간을 만남이라고 하지는 않아요. 자연과도 마찬가지예요. 잠시나마 걸음을 멈추어 상태를 묻고 이해하고 바라보며 마음을 기울일 때, 비로소 만나게 되고 관계를 맺을 수 있지요.

주변에 있는 나무와 짧은 만남을 시작해보세요. 언젠가 봄꽃이 인상적이었던, 혹은 단풍 빛깔이 마음을 사로잡았던 나무여도 좋고, 매일 다니는 길에 서 있어 자주 만나는 나무여도 좋아요.

만남의 시간은 10초면 돼요. 빠른 도시의 속도에서 잠시 벗어나 10초의 여유를 갖는다면 자연과의 만남을 경험할 수 있어요. 그렇게 매일 짧은 만남을 이어가며 조금씩 자연의 흐름 안으로 들어가보세요.

이름은 몰라도 괜찮아요. 백과사전에서 본 지식도 잠깐 옆으로 밀어두세요. 그저 눈과 마음으로 느끼고 바라보세요. 우리에게 필요한 건 작은 호기심과 순수한 관심, 그리고 10초의 시간입니다.

#3 있는 그대로의 모습을 느껴보세요

그렇다면 특별할 것 없이 조용한 모습으로 내 앞에 서 있는 나무를 어떻게 바라보아야 할까요? 우리는 무엇을 볼 수 있고 어떤 만남을 경험할 수 있을까요?

우리가 나무를 마주하며 가져야 할 가장 기본적인 마음가짐은 나무를 생명으로 여기는 거랍니다. 나무는 땅속 깊이 내린 뿌리를 통해 물과 양분을 빨아들여 잎으로 숨을 쉬고, 햇빛을 받아 꽃을 피우고 열매를 맺으며 빈 가지로 긴 겨울을 버텨내는 생명체예요. 그런데 누구나 이 사실을 머리로는 알고 있으면서도 눈앞의 나무를 보며 느끼지는 못하는 것 같아요. 나무를 생명체로서 관심을 갖고 바라보기보다 꽃이나 단풍만 눈요기로 즐기고 돌아서는 데 익숙하기 때문이 아닐까요?

나무를 하나의 생명체로 인식하고 바라보면 지금 나무가 나에게 보여주는 모습에 좀 더 열린 마음을 가질 수 있어요. 나무를 있는 그대로 바라볼 수 있게 되지요.

내가 바라보는 순간, 새순이 조금씩 밖으로 나오고 있을 수도 있고, 이미 꽃이 떨어져 있을 수도 있어요. 잎이 모두 떨어진 후 열매만 달려 있을 수도 있고, 마른 가지와 줄기만 남아 있을 수도 있지요. 있는 그대로 바라본다는 것은 이전에 우리가 가치를 두지 않았던 순간까지 나무의 관점에서 이해하고 바라봐주는 거예요.

나무는 도시의 시간이 아닌 자연의 시간을 온전히 살아가요. 봄부터 겨울까지 나무가 변해가는 모습을 머릿속에 떠올리며 앞에 서 있는 나무가 어느 시간을 살고 있는지 유추해보세요. 지금 봄을 맞이할 준비를 할 수도 있고, 뜨거운 여름을 견뎌내고 있는지도 모르지요. 열매를 준비할 수도 있고, 잎을 떨구느라 분주한지도 몰라요. 계절을 통한 바라봄은 나무에 대한 이해를 넓혀준답니다.

나무 앞에 막상 멈춰 섰지만 조금 막연하게 느껴질지도 몰라요. 하지만 괜찮아요. 첫 만남이란 원래 낯설고 생소한 법이니까요. 그저 보이는 그대로 받아들이세요. 그리고 눈이 가는 대로 따라가보세요. 그렇게 흐르는 계절 안에서 눈의 감각을 깨우며 만남을 이어간다면 어제는 보이지 않던 것들이 조금씩 보이기 시작할 거예요.

은행나무의 잎

이른 봄, 나무에선 작은 잎들이 잎눈을 뚫고 세상 밖으로 나와요. 이 작은 움직임은 소리 없이 이루어지지만 그 과정을 목격하면 정말 놀랍죠. 은행나무의 어린잎은 조금 느지막이 밖으로 나오지만 완전히 성장한 잎과 똑 닮아 있어요.

흰말채나무의 열매

나무를 있는 그대로 바라보면 예상치 못한 아름다움을 만나게 될 때가 있답니다. 그중 하나가 열매가 익어가는 모습이에요. 초록 열매가 붉게, 희게 혹은 검게 변해가는 과정을 놓치지 마세요. 처음 만난 나무여서 어떤 색으로 변할지 알 수 없다면 그 기다림이 더 즐겁겠죠.

백목련의 꽃

한 그루의 백목련에서 바라볼 수 있는 꽃의 모양은 정말 다양해요. 조금 시간을 들여 꽃이 변해가는 모습을 지켜본다면 생명체의 존재감을 더 크게 느낄 수 있죠. 꽃봉오리부터 꽃잎이 모두 떨어질 때까지 한순간도 같은 모습이 없어요.

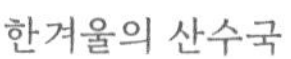

한겨울의 산수국

한겨울에 만나는 마른 꽃은 봄꽃과는 또 다른 아름다움을 전해줘요. 산수국은 꽃잎이 떨어지지 않고 그 모습 그대로 말라버리는데, 그 자체로 매력적이에요.

#4 접사렌즈의 눈으로 바라보세요

우리는 자연을 풍경으로 바라보는 데 익숙해요. 차를 타고 달리며 먼 산을 보거나, 천천히 걸으면서도 나무의 전체적인 이미지를 주로 보지요. 매일 만나는 나무들도 큰 이미지만 스치듯 보는 경우가 많아 꽃과 열매 혹은 잎에서 일어나는 작은 변화를 놓치기 쉬워요.

카메라 렌즈에 비유하자면, 광각 렌즈의 눈으로 자연을 바라보기 때문이에요. 광각 렌즈로 보면 전체를 한눈에 담아 감상하기는 좋지만, 그 안에서 일어나고 있는 작은 변화를 읽기에는 한계가 있지요. 자연을 좀 더 깊이 이해하고 함께하기 위해 지금 우리에게 필요한 렌즈는 광각 렌즈가 아닌 접사 렌즈랍니다.

여린 꽃잎 위를 수놓은 섬세한 물결들, 나뭇가지 마디마디에 새겨진 잎자국과 물감을 풀어놓은 듯 작은 열매를 휘감고 있는 다채로운 빛깔 등 접사 렌즈로 들여다보는 나무의 일상 안에는 상상 이상의 신비로움과 아름다움이 숨어 있어요. 눈을 어느 한곳에 고정시킨 후, 좀 더 가까이 초점을 맞추고 그 구조와 요소들을 천천히 바라봐야만 느낄 수 있는 것들이죠. 같은 사물도 우리의 눈을 어떻게 작동시키느냐에 따라 다르게 보이는 것은 참으로 신기한 일이에요.

좀 더 가까이 다가가보세요. 초점을 꽃이나 열매 등에 맞추고, 형태와 색, 질감에 집중해보세요. 처음에는 가까이 보아도 잘 안 보일 수 있어요. 그 또한 시간이 필요한 일이랍니다. 천천히 편안한 마음으로 내가 볼 수 있는 것에 집중하면 그것으로 충분해요.

◦ 광각 렌즈 : 넓은 각도의 시야를 가진 렌즈

◦ 접사 렌즈 : 대상을 가까이에서 찍을 수 있는 렌즈

칠엽수

나무에서 새잎이 터져 나오는 모습은 모두 달라요. 저마다 개성이 있죠. 그중에서도 칠엽수에서 어린잎이 나오는 모습은 퍽 인상적이에요. 반질거리는 큼직한 겨울눈을 활짝 벌리고 나오는데 그 모습이 마치 살아서 꿈틀거리는 것 같아요.

편백나무

상록 침엽수들은 항상 같은 모습이라고 생각하기 쉽지만 자세히 들여다보면 꽃도 피고 열매도 맺는답니다. 잎 끝에서 일어나는 변화를 발견하고 알알이 맺히는 작은 열매를 찾게 되는 기쁨은 가까이 다가가는 사람만이 누릴 수 있는 것이지요.

백합나무

특별히 신경 쓰지 않아도 눈에 띄는 꽃들이 있는가 하면, 목을 빼고 나뭇잎 사이를 자세히 살펴야 볼 수 있는 꽃들도 있답니다. 튤립을 닮아 수려한 백합나무 꽃도 높게 달려 있어 나뭇잎 사이를 눈여겨보아야 놓치지 않아요.

#5 꽃 속의 작은 세계를 탐험하세요

식물의 존재감을 드러내는 데 가장 큰 역할을 하는 것은 역시 꽃이에요. 꽃은 일 년 동안 이곳저곳에서 피고 지며 우리 주변에 어떤 식물이 얼마만큼 살고 있는지 다시 한 번 돌아보게 해주어요. 매일 만나는 집 앞의 가로수가 어떤 나무인지 봄이 되어 벚꽃이 핀 후에야 비로소 알게 되듯이 말이에요.

꽃이 피면 우리는 나무에게 관심을 갖고 눈길을 주어요. 가로수를 따라 걷기도 하고, 만개한 꽃 앞에서 사진도 찍으며 많은 시간을 보내지요. 하지만 안타깝게도 그 만남이 더 깊어지지는 못하는 것 같아요. 그저 화사한 꽃길을 즐길 뿐, 그 이상의 관심은 두지 않기 때문이에요.

오늘 꽃길을 지나게 된다면, 전체적인 분위기에 취하기보다 작은 생명체인 꽃 하나하나와 직접 만남을 가져보세요. 조금만 더 가까이 다가가 몇 초의 시간을 들여 바라본다면 그 작은 세계 안에 얼마나 신비로운 모습이 숨어 있는지 새삼 깨달을 수 있을 거예요.

멀리서만 꽃을 보았다면, 오늘은 조금 더 바짝 다가가보세요. 그리고 한 송이 꽃이 품고 있는 섬세한 세계를 탐험하듯, 꽃이 가진 요소들을 하나씩 살펴보세요. 부드러운 곡선의 꽃잎을 지나 서로 경쟁하듯 하늘로 목을 뺀 수술들과 고고한 암술, 이 모두를 떠받치고 있는 견고한 꽃받침과 그 주변을 감싼 보송한 솜털까지 눈으로 인식할 수 있는 모든 요소를 마음 깊이 담아보세요.

단풍나무나 회양목은 우리 주변에서 쉽게 만나는 나무인데도, 그 작고 소박한 꽃들을 본 사람은 많지 않아요. 우리가 미처 보지 못할 뿐 대부분의 나무는 다음 세대를 위해 다양한 방식으로 꽃을 피운답니다. 예쁘고 아니고는 그저 우리들의 판단일 뿐이지요.

벚나무의 꽃

익숙한 꽃이어도 가까이 들여다보면 전에는 보이지 않던 것들을 발견하게 돼요. 매년 만났던 작은 벚꽃 한 송이 안에 무엇이 들어 있는지 호기심을 갖고 다가가보세요.

회양목의 꽃

회양목은 우리 주변에서 쉽게 만나는 나무인데도 꽃이 작고 수수해서 미처 보지 못하고 지나치는 경우가 많아요. 하지만 작고 귀여운 꽃과 향을 경험하면 이른 봄 회양목의 꽃을 꼭 찾아보게 되지요.

단풍나무의 꽃

잘 보이지 않는다고 해서 매력이 없는 건 아니에요. 봄에 피는 단풍나무 꽃은 작고 여린 탓에 눈에 잘 띄지 않지만, 붉은 꽃받침과 흰 꽃잎이 아주 매력적이에요.

산수유의 꽃

산수유 꽃은 가장 먼저 주목을 받는 봄꽃이지만, 그 작은 꽃송이의 생김을 기억하는 사람은 많지 않아요. 작은 꽃받침 위에 옹기종기 핀 꽃들의 모습은 가까이 다가가지 않으면 볼 수 없기 때문이지요.

#6 나뭇잎 하나를 자세히 들여다보세요

나무 안에는 꽃 말고도 나무를 든든히 지켜주는 또 다른 친구가 있어요. 매년 나무 안에서 태어나는 새로운 생명이자 나무를 살게 하는 충실한 일꾼들, 바로 초록빛 나뭇잎이에요.

무수한 나무의 종류만큼이나 나뭇잎도 가지각색이에요. 모양도 크기도 제각각이지요. 그렇다고 그저 아무렇게나 생긴 건 아니랍니다. 나무가 정해준 엄격한 규칙을 따르고 있어요. 그래서 그 규칙을 하나씩 찾아가다 보면 자연스럽게 나뭇잎에 대해 이해하게 된답니다.

나무 아래 서서 작은 잎 하나를 떼어 자세히 들여다보는 시간을 가져보세요. 그동안 막연하게만 바라봤다면, 이번엔 그 나뭇잎만의 특징과 작은 규칙을 찾아보세요. 전체적으로 어떤 모양인지, 잎 가장자리의 톱니는 얼마나 뾰족하고 촘촘한지, 잎자루(잎사귀와 가지를 연결하는 부분)의 길이는 어떤지, 잎맥은 나뭇잎 전체에 어떤 모습으로 퍼져 있는지 하나씩 짚어보세요.

느티나무의 잎

느티나무의 이름을 모르는 사람은 없지만, 그 잎이 어떻게 생겼는지 아는 사람은 많지 않아요. 느티나무 잎은 길쭉하고 끝이 뾰족한 모양으로 작지만 무성해서 시원한 그늘을 만들어주어요. 중심이 되는 주맥(主脈)과 주맥에서 좌우로 난 측맥(側脈)이 시원스레 뻗은 게 특징이지요.

편백나무의 잎

침엽수 잎은 솔잎처럼 구조가 단순한 것도 있고, 내부에 복잡한 꼬임이 있는 것도 있어요. 편백나무는 잎이 합쳐지는 부분에 Y자 모양의 흰 줄이 있는 게 특징이에요. 잎의 뒷면을 보면 Y자 모양의 흰 줄을 좀 더 쉽게 찾을 수 있지요.

모감주나무의 잎

자귀나무의 잎

모감주나무와 자귀나무는 잎의 모양은 서로 다르지만 작은 잎이 달리는 방식이 비슷해요. 작은 잎 여러 장이 잎줄기 양쪽으로 마주나는데, 그 모양이 새의 깃털 같다고 하여 '깃꼴겹잎'이라 불러요. 모감주나무는 중심 잎줄기를 따라 잎이 달리는 '1회깃꼴겹잎'이고, 자귀나무는 중심 잎줄기를 따라 달린 잎들이 다시 각각 깃털 모양을 이루는 '2회깃꼴겹잎'이에요. 막연히 보았을 땐 복잡해 보이지만, 규칙을 찾아 특징적 요소를 이해하고 나면 구조가 훨씬 쉽게 이해되지요.

#7 그림으로 그려보세요

누군가에게 자연을 관찰하고 직접 그려보길 권하면, 그림에 소질이 없다며 꺼리곤 해요. 하지만 자연을 그리는 데 있어 그림 실력은 중요하지 않아요. 못 그려도 상관없어요. 그림을 통해 자연을 더 많이, 더 깊이 볼 수 있다면 그것으로 그림의 역할은 충분하죠.

작은 나뭇잎 하나를 그저 보기만 한다면 우리는 눈이 감지하는 만큼만 알게 되어요. 하지만 그림으로 그려보면 상황이 달라지지요. 그리기는 내가 본 것을 종이 위에 설명하는 것과 같아서 어느 한 부분이라도 정확히 보지 않으면 구현할 수가 없거든요. 제대로 설명하기 위해 보고 또 보다 보면 어느새 작은 나뭇잎의 모든 부분을 알게 되지요. 의도했든 그렇지 않았든 말이에요. 그렇게 그림을 그리기 위해 대상을 보고 또 보는 사이, 관찰력이 놀라울 정도로 늘어난 걸 깨닫게 될 거예요.

나만의 작은 그림을 그려보세요. 작고 간단한 자연물부터 시작해보는 것이 좋아요. 작은 종이와 연필, 지우개를 준비하고, 길가에서 따온 나뭇잎 한 장을 그려보세요. 되도록 실물과 같은 크기로 그리는 것이 좋아요. 가장자리에 톱니가 없는 매끈한 잎이 좀 더 수월하겠죠. 그런 다음 점차 톱니가 있는 다양한 모양의 잎으로 난이도를 높여보세요.

꽃은 잎보다 좀 더 복잡한 구조로 되어 있으니 주의를 기울여야 해요. 암술과 수술을 들여다보고, 그 수를 세어보고, 꽃잎의 결을 살펴가며 그려보세요. 한 송이에서 시작해서 점차 여러 송이로 늘려보세요.

한 번이라도 그려본 식물은 절대 잊히지 않아요. 어디서든 다시 만나면 금세 알아볼 수 있지요. 그림을 그리며 맺은 인연 때문이기도 하겠지만, 잠시나마 세세히 그 모습을 관찰하며 종이에 옮겨보았던 경험 때문일 거예요. 그림을 그리며 만나는 자연은 우리에게 더 오랫동안 기억된답니다.

산수유 잎 그려보기

1. 잎자루를 시작으로 주맥의 방향과 길이를 잡아주어요.

2. 주맥을 중심으로 잎의 가장 넓은 부분의 폭을 잡은 후, 잎의 형태를 그려요.

3. 주맥에서 좌우로 뻗은 측맥의 움직임을 따라 그려요. 양쪽 맥이 서로 마주보는지, 어긋났는지 살펴보고, 맥의 끝이 어디로 향하는지도 살펴보아요.

4. 잎의 외곽선을 다듬어주어요. 톱니가 있다면 톱니 모양과 톱니의 날카로운 정도도 관찰해요.

5. 잎맥 사이의 공간에 명암을 넣어보세요. 일정한 톤으로 넣어도 좋아요.

개나리꽃 그려보기

1. 꽃잎이 시작되는 곳을 중심으로 잡은 뒤, 네 갈래로 나뉘는 꽃잎과 꽃받침의 위치를 표시해요.

2. 꽃잎의 방향과 길이를 정한 후 중심에서부터 꽃잎 폭에 맞춰 꽃잎 외곽선을 그려요.

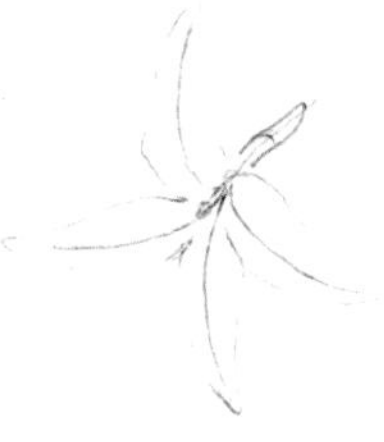

3. 전체적인 형태가 잡히면 중심선을 지우고 꽃잎의 미세한 곡선을 부드럽게 만들어요.

4. 부위별로 천천히 색을 입혀보세요.

진달래꽃 그려보기

1. 암술과 수술이 나오는 부분을
중심으로 잡고,
꽃잎의 방향과 길이를 정해요.

2. 암술과 수술의 방향과 모양을 대략 그리고,
꽃잎이 갈라진 지점을 찾아
꽃잎의 형태를 그려요.

3. 암술과 수술의 두께를
좀 더 세심하게 표현합니다.

4. 다섯 장의 꽃잎 형태가 대강 잡히면
꽃잎 가장자리 곡선의 변화를 관찰하며 그려요.

5. 암술, 수술, 꽃잎에 맞는 색을 찾아 칠해요.
암술과 수술부터 칠한 뒤에 꽃잎을 칠하세요.

#8 눈과 손으로 표면의 질감을 느껴보세요

햇빛이 눈부시게 내리쬐는 날, 산책길에 만난 나뭇잎들이 유난스레 반짝이는 걸 본 적이 있나요? 시원한 바람이 도시를 가로질러 지나가기라도 하면, 바람을 따라 물결치듯 출렁이며 부드럽게 움직이는 침엽들에 눈길을 빼앗긴 적은 없었나요?

나무를 바라볼 때 형태, 색과 더불어 자연스럽게 인식되는 부분이 질감이에요. 질감은 표면이 주는 느낌을 말해요. 광택이 있거나 털이 있거나, 매끈하거나 거칠거나, 뾰족하거나 부드럽거나 하는 등의 느낌이죠. 작은 꽃받침에서, 잎과 열매의 표면에서, 줄기의 껍질에서 우리가 발견할 수 있는 것들을 상상할 수 있나요?

나무에는 인공물에서는 느낄 수 없는 무궁무진한 질감이 있어요. 그것을 하나씩 발견하는 시간을 가져보세요. 나무들이 저마다 독특한 방식으로 표면을 둘러싸고 살아간다는 것을 알게 될 테고, 그동안 우리가 멀리서만 바라보아서 미처 알 수 없었던 것들을 새삼 발견하게 될 거예요.

주변에 있는 나무에 가까이 다가가 눈으로 바라보고 손으로 만지며 느껴보세요. 천천히 들여다보고 이해하고 감지하는 동안 우리의 오감이 조금씩 깨어날 거예요.

~ 잎 표면이 매끈거리며 반짝이나요?
~ 잎 뒷면에 보송보송 털이 나 있진 않나요?
~ 꽃과 가지는 어떤가요?
~ 부드러운 꽃가루와 매끈한 수술대, 꽃잎의 요철과 꽃받침을 둘러싼 털들, 매끈한 나뭇가지 위에 남은 거친 잎자국들을 발견할 수 있나요?

멀리서만 바라보던 식물에게 조금 더 가까이 다가가보세요. 손을 뻗어 눈으로 보았던 감촉을 직접 만져 확인하며 좀 더 친밀한 교감을 나눠보세요.

대추나무의 잎

대추나무 잎은 얇고 표면에 광택이 있어 무척 아름다워요. 동글게 빛나는 대추라도 달리면 나무 전체가 반짝거리는 듯하지요.

메타세쿼이아의 잎

침엽수 잎은 뾰족뾰족해서 만지면 따가울 것 같지만, 의외로 촉감이 부드러운 것들이 있어요. 키가 큰 메타세쿼이아나 낙우송의 바늘잎은 손으로 만졌을 때 따가움이 전혀 없지요. 바람에 살랑거리며 흔들리는 모습이 깃털 같아요.

이팝나무의 꽃

가로수로 많이 심는 이팝나무는 꽃의 질감이 정말 특이해요. 작은 흰 꽃이 부슬부슬 모여 매달린 모습이 무척 인상적이지요. 꽃이 나무 전체를 뒤덮기도 하는데, 왠지 다가가서 꼭 한번 만져보고 싶어져요.

#9 나무의 피부, 수피의 특징을 발견해보세요

꽃, 잎, 열매가 계절과 함께 변화하는 나무의 옷이라면, 나무의 줄기는 몸통과 같은 존재예요. 아래로 굳건하게 뿌리를 박고, 두 팔은 하늘을 향해 벌려 다양한 활동을 하며 생명을 유지하지요. 이러한 줄기를 감싸 외부 자극을 막고 몸 안을 보호하는 피부의 역할을 하는 것이 바로 나무껍질, 수피랍니다.

수피는 얼핏 보기에 투박하고 거칠어 별 매력이 없어 보이지만, 조금씩 관심을 갖고 바라보면 나무를 구성하는 재미있는 요소라는 것을 알 수 있어요. 게다가 색과 무늬, 벗겨지는 방향, 코르크(나무의 겉껍질 안쪽 부분)의 두께 등이 저마다 달라 나무의 개성을 드러내는 요소이기도 해요. 처음엔 비슷해 보여서 특징을 찾기 힘들 수 있지만, 좋아하는 나무부터 하나씩 익히다 보면 그 차이를 감지하게 되지요.

수피를 나무에 그려진 그림이라 생각하고 관찰해보세요. 가장 큰 특징이 무엇인지 찾아보고, 주변의 다른 나무들과 차이점을 비교해보세요.

~ 수피의 표면은 어떤 색인가요?

예) 회색, 회갈색, 회백색, 갈색, 흑갈색, 적갈색, 황갈색 등.

~ 표면의 거친 정도는 어떤가요?

예) 손으로 만졌을 때 대체로 매끄러운지, 울퉁불퉁한지.

~ 수피가 갈라지는 방향과 깊이는 어떤가요?

예) 가로나 세로로 갈라지는지, 갈라진다면 얼마나 깊이 파이는지.

~ 겉껍질의 안쪽 부분인 코르크층의 두께는 어떤가요?

예) 갈라진 틈새로 보이는 코르크층이 얇은지, 두꺼운지.

~ 수피가 벗겨지는 방향이 있나요?

예) 가로나 세로로 벗겨지는지, 불규칙하게 벗겨지는지.

~ 두께는 어떤가요?

예) 종이처럼 얇은지, 힘을 주어야 떨어질 정도로 두꺼운지.

~ 떨어져나오는 수피의 모양은 어떤가요?

예) 가루인지, 작은 조각인지, 제법 넓적한 덩어리인지, 불규칙한 모양인지.

자작나무의 수피

자작나무는 흰색의 수피로 강렬한 인상을 남기는 나무예요. 나무 전체를 덮은 표면의 흰빛은 멀리서도 금방 알아볼 수 있어요. 그 화려한 자태는 숲속의 여왕이라 불릴 만하지요.

흰말채나무의 수피

흰말채나무는 겨울이면 가지가 붉은빛으로 변해 흰 눈 속에서 더욱 강한 존재감을 드러내요. 잎이 다 떨어진 후에도 나무줄기의 색만으로 충분히 아름답지요.

화살나무의 수피

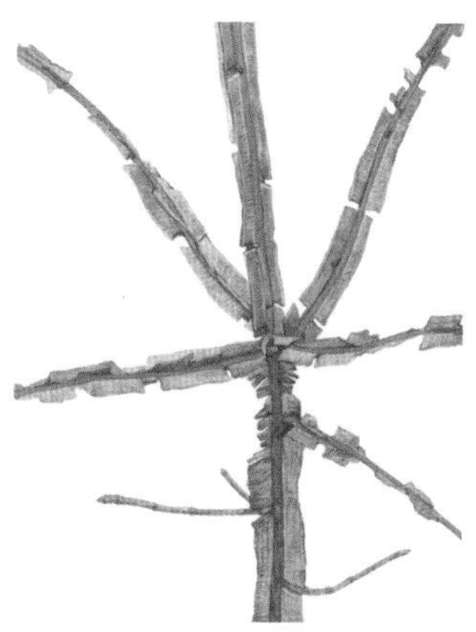

화살나무는 줄기 주변으로 튀어나온 코르크 모양이 화살촉 같다고 하여 붙은 이름이에요. 잎이 모두 떨어진 겨울에 그 특별한 구조를 좀 더 확실히 볼 수 있지요.

모과나무의 수피

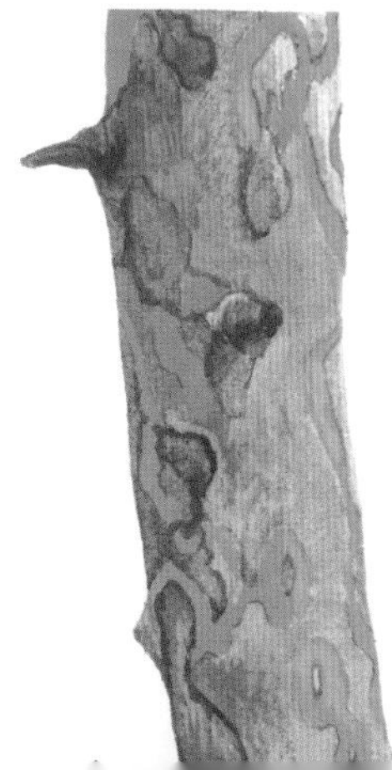

모과나무는 꽃과 잎도 예쁘지만, 신비로운 색의 얼룩무늬를 한 수피가 정말 매력적이에요. 얼룩무늬는 나무껍질이 벗겨지면서 자연스럽게 생긴 모양이지요.

#10 뒤로 물러서서 나무 전체를 한눈에 담아보세요

우리는 군중 속에서도 어렵지 않게 가족이나 친구를 찾아낼 수 있어요. 얼굴을 보지 않아도 전체적인 체형이나 뒷모습만으로 그 사람임을 짐작할 수 있지요. 우리가 한 사람을 볼 때 얼굴의 부분적인 요소와 함께 전체 모습 또한 파악하고 있기 때문이에요.

나무도 마찬가지여서 우리는 꽃과 열매를 보면서 나무의 외형도 함께 인식하는데, 이렇게 나무의 뿌리, 줄기, 가지, 잎 모두가 이루는 전체의 모습을 '수형'이라 해요. 전봇대보다 큰 은행나무와 우리 눈높이 정도인 진달래는 태생적으로 키가 다르고, 구불거리는 소나무와 위로 쭉 뻗는 전나무는 둘 다 침엽수이지만, 가지가 형성하는 외형이 서로 다르지요. 이처럼 나무의 수형은 기본적인 틀이자 나무를 구별하는 수단이 되어주기도 한답니다.

위로 뻗어 키가 큰 나무를 '교목'이라고 하는데요, 교목을 볼 때는 나무줄기에서 가지가 뻗어나가는 모습에 주목해보세요. 가지가 나무줄기를 중심으로 대칭을 이루며 뻗는가 하면, 굵은 가지가 아래부터 여러 개로 갈라지기도 해요. 위로 쭉 뻗어 올라가는 나무와 옆으로만 팔을 벌리는 나무도 찾아볼 수 있어요.

반면 키가 작고 가지가 땅에서부터 갈라져 나오는 나무를 '관목'이라고 합니다. 관목들은 밑동에서 가지들이 갈라져 나와 이루는 형태가 다양하지요. 잔가지들이 빽빽하게 덤불을 이루는 나무가 있는가 하면, 가지들이 큰 포물선을 그리며 아래로 처지는 나무도 있어요. 옆으로 누워 자라거나 꼿꼿하게 위로 솟아오르는 나무도 있답니다.

주변에 의지하여 자라나는 덩굴나무는 뻗어나가는 모습으로 특징을 알 수 있어요. 가지를 휘감으며 올라가는 나무, 벽에 붙어 기어올라가는 나무, 바닥을 기며 자라는 나무 등 조금씩 차이를 보이지요.

지금 내가 만나는 나무의 큰 모습을 한눈에 담아보세요. 키는 얼마나 큰지, 나무줄기에서 가지가 뻗어 나오는 방식은 어떠한지, 가지가 자라 이루는 나무의 외형은 어떤지 주변의 나무와 비교하며 살펴보세요.

소나무의 수형

사시사철 푸르른 소나무는 그 어떤 나무보다 친숙한 우리 나무예요. 구불구불한 가지로 개성을 드러내어 먼 거리에서도, 한겨울에도 비교적 쉽게 알아볼 수 있지요.

등나무의 수형

덩굴나무 종류인 등나무는 나무줄기를 서로 꼬며 올라가는 특징을 보여요. 주로 사람들이 쉬어가는 곳에 심는데, 아름다운 꽃과 열매를 바라보는 것만으로도 휴식이 되지요.

무궁화의 수형

무궁화는 그리 키가 크지 않은 관목이에요. 옆으로 가지를 벌리며 꽃과 잎을 소담히 피우기 때문에 눈높이에서 꽃을 들여다볼 수 있어요.

개나리의 수형

개나리는 가는 가지가 땅에서부터 길게 뻗어 나와 포물선을 그리며 아래로 늘어져요. 봄이면 우리 주변 어디서나 노란 꽃을 소담히 매단 가지가 담장 아래로 늘어진 개나리 길을 만날 수 있어요.

#11 자연에서 들리는 작은 소리에 귀 기울여보세요

여러분의 하루는 어떤 소리로 채워지나요? 아침부터 밤까지 수많은 소리가 들려와요. 원하든 원하지 않든 다양한 소리에 노출되어 살아가는 우리지만, 어쩌면 정말 귀 기울여야 할 것들을 놓치고 있진 않나요? 바로 지금, 여러분은 어떤 자연의 소리를 마음에 담고 싶나요?

귀도 눈과 마찬가지로 어디에 집중하느냐에 따라 새로움을 발견할 수 있어요. 가로수 잎들이 한 줄기 바람에 흔들리는 소리나 빗방울이 풀잎에 부딪히는 소리, 혹은 도시에 함께 사는 새들과 작은 곤충들이 내는 소리는 작지만 분명 도시 속에 존재하는 소리들이에요. 도시 소음에 묻혀버리고 마는 작은 자연의 소리들에 귀를 기울여보세요. 너무 미세해서 금세 사라져버릴지 몰라요. 하지만 우리가 들으려고만 한다면 들을 수 있는 소리들이지요. 조용한 틈을 타 귀에 와 닿은 그 작은 자연의 소리를 들으며 우리 마음속에 일어나는 변화를 느껴보세요.

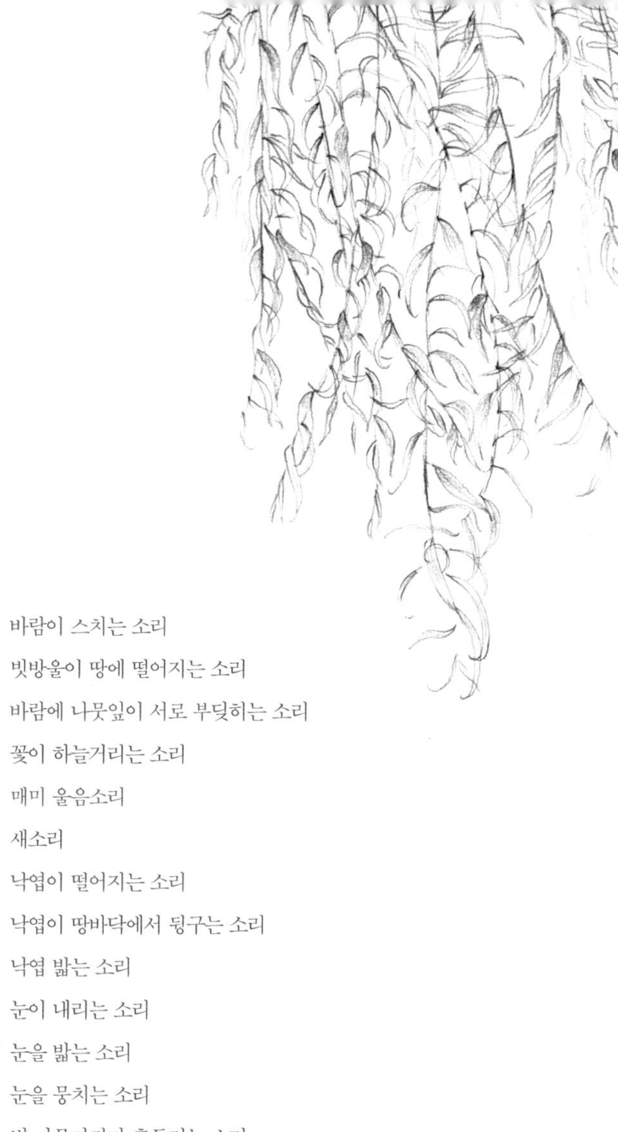

바람이 스치는 소리
빗방울이 땅에 떨어지는 소리
바람에 나뭇잎이 서로 부딪히는 소리
꽃이 하늘거리는 소리
매미 울음소리
새소리
낙엽이 떨어지는 소리
낙엽이 땅바닥에서 뒹구는 소리
낙엽 밟는 소리
눈이 내리는 소리
눈을 밟는 소리
눈을 뭉치는 소리
빈 나뭇가지가 흔들리는 소리
새싹이 흙을 뚫고 나오는 소리
꽃망울이 터지는 소리
벌들이 꽃에서 꿀을 찾는 소리

#12 열매의 변화를 가만히 지켜보세요

꽃을 모두 떨구어낸 뒤, 나무는 인고의 시간을 보내게 됩니다. 그 누구도 눈치채지 못하는 그 시간 동안, 시들어 말라붙은 꽃잎 아래에 아주 조용히 작은 알맹이가 조금씩 부풀어 올라요. 그렇게 소리 없이 열매가 탄생합니다. 우리 시야에 어느 정도 크고 빛깔 좋은 열매로 등장하기까지는 그로부터 더 많은 시간이 필요하지요.

그런데 우리는 꽃이 진 후 나무에 관심을 두지 않다가 발밑으로 떨어져 밟힌 열매를 보고 나서야 어느새 열매가 익어 떨어졌음을 알게 됩니다. 그러니 그 누구도 관심을 갖지 않는 고요한 나무를 애써 바라보지 않는다면, 탄생의 과정을 함께하기란 쉽지 않지요.

나무가 갖는 인고의 시간을 함께하며 탄생의 과정을 지켜보는 건 어떨까요? 보일 듯 말 듯했던 작은 알맹이가 완벽하게 검붉은 열매로 변하는 과정을 목격하는 것이야말로 우리가 생명체로서의 나무를 바라보는 최고의 즐거움이자 가장 큰 이유가 되어줄 거예요.

꽃에 비해 열매에 대한 관심은 현저히 낮아서 너무나 익숙한 나무임에도 그 열매를 처음 보는 경우가 많아요. 열매가 어떤 모양이 될지, 어떤 색으로 익어갈지 전혀 모르는 경우도 있지요. 하지만 그러한 낯섦을 호기심으로 키운다면 그 과정을 더욱 즐길 수 있어요. 모든 경험에서 그렇듯 처음에만 느낄 수 있는 작은 흥분은 다시 오지 않으니까요.

우리 주변에 있는 나무 열매들이 어떤 모양을 하고 있는지 좀 더 관심을 갖고 관찰해보세요. 프로펠러 모양의 단풍나무 열매, 주머니처럼 부푼 모감주나무 열매, 콩깍지를 닮은 회화나무 열매, 밤톨과 비슷한 칠엽수 열매 등 신기하고 예쁜 모양의 열매들이 정말 많아요.

열매가 빚어내는 자연의 색을 지켜보는 것 또한 무척 즐거운 일이에요. 벚나무의 열매인 버찌는 노랑, 주홍, 빨강을 지나 검붉게 변해가요. 이 과정은 벚꽃이 화사하게 피고 지는 모습만큼이나 아름답지요. 산딸나무의 귀여운 분홍빛이나 작살나무의 신비로운 보랏빛, 주목의 선명한 다홍빛 열매는 자꾸 찾아보게 되는 자연의 색이에요.

모감주나무 열매
등나무 열매
단풍나무 열매
메타세쿼이아 열매
산딸나무 열매
벚나무 열매
산수유 열매

백합나무 열매

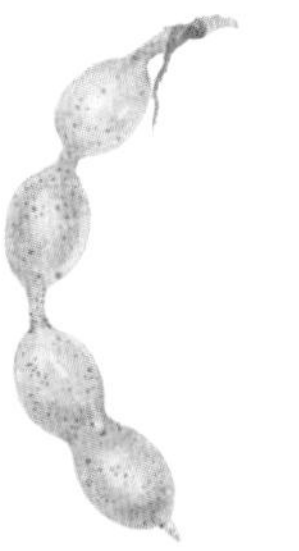
회화나무 열매

향나무 열매

칠엽수 열매

주목 열매

측백나무 열매

작살나무 열매

양버즘나무 열매

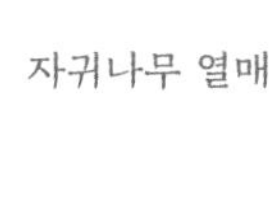
자귀나무 열매

#13 생명이 깃든 자연의 색을 느껴보세요

인공물로 가득한 도시는 셀 수 없이 많은 색으로 구성되어 있어요. 멋진 건물과 화려한 상점들, 반짝이는 자동차와 수많은 사람의 옷차림 등 이루 헤아릴 수 없을 만큼 다양한 색에 일상적으로 노출되다 보니 더는 어떤 색도 새로울 게 없는 듯해요. 가을날 나무가 보여주는 새빨간 단풍이 더 이상 놀랍지 않은 이유일 거예요.

하지만 색이 고착된 인공물을 바라보듯 나무를 바라본다면 우리는 많은 것을 놓치고 말아요. 초록 잎이 붉게 변해가는 과정의 오묘한 움직임이라든지, 어느 것 하나도 같지 않은 붉은빛의 미묘한 차이를요.

살아 있는 색을 경험해보세요. 수채 물감이 종이의 결을 따라 퍼지듯, 빨강과 초록이 작은 잎의 공간을 차지하려고 경쟁하듯 움직이는 모습은 나무가 살아 있는 생명이기에 볼 수 있지요. 지금 내 발 밑에 떨어진 작은 단풍잎 하나를 들어 그 안의 색을 바라보는 것으로 시작해보세요. 아무것도 필요하지 않아요. 그저 눈이 감지하는 대로 색을 느끼면 돼요.

여름을 지나면서 나무 한 그루의 색이 조금씩 변화하는 과정을 지켜보세요. 그저 나무 앞을 지나치면서 한 번씩 바라보는 것으로 족하지요. 다만 나무를 바라보며 '변하고 있니?' 하고 물어보는 것이 중요해요. 그런 물음이 변화를 알아차리도록 도와주거든요.

나무가 초록빛 위에 무언가 조금씩 다른 빛을 머금기 시작했다면 좀 더 가까이 다가가보세요. 잎의 어디가 어떤 색으로 변하는지 작은 나뭇잎 안에서 일어나는 변화에 좀 더 관심을 가져보세요. 나뭇잎 끝에서부터 퍼지는 색의 움직임은 완전히 변한 후에는 볼 수 없는 바로 지금의 모습이니까요.

자, 이제 단풍이 완연히 절정에 이르렀다면, 그 절정의 빛을 마음껏 담아보세요. 살아 있는 색이 가진 화려함 혹은 그윽함이란 지금 이 순간이 전부이자 곧 사라져버릴 불꽃 같은 존재랍니다.

단풍나무의 잎

붉은빛이 매력적인 단풍나무의 잎은 조금씩 물들어가는 모습 또한 놓쳐선 안 될 만큼 신비로워요. 잎 전체가 빨갛게 물들기 전에 조금 서둘러서 바라봐야 만날 수 있지요.

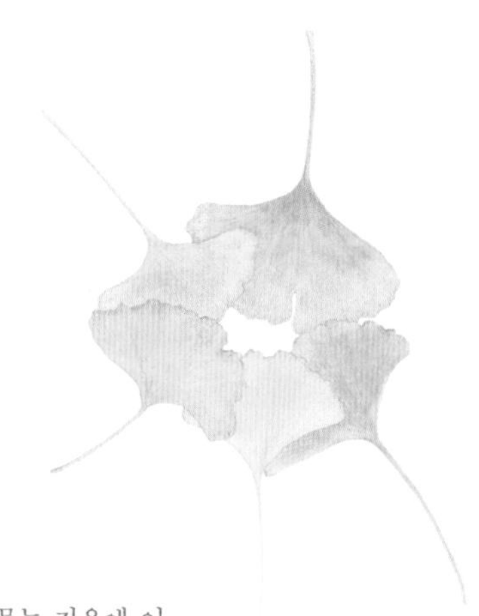

은행나무 잎

노란빛의 절정을 보여주는 은행나무는 가을에 이르러 강력한 존재감을 드러내요. 자연에서 만날 수 있는 노란빛의 진수라 해도 과언이 아니지요. 작은 은행잎 하나에 담긴 노란빛을 마음에 담아보세요.

화살나무 잎과 열매

화살나무의 붉은빛은 단풍나무와 사뭇 달라요. 맑은 선홍빛을 발산하는데 다홍빛의 열매와 어우러져 더욱 붉은 느낌을 주지요.

담쟁이덩굴 잎

담쟁이덩굴의 단풍은 그 안에 무척 다양한 색을 머금어요. 게다가 벽을 타며 물들기 때문에 담쟁이가 위치한 곳이 어디든 전체 분위기를 멋지게 바꾸어주지요.

14 좋아하는 것들을 두 손 가득 주워보세요

우리 주변에 있는 나무들은 매년 꽃, 열매, 단풍잎 등 참으로 많은 것을 만들어내고 떨어뜨려요. 하지만 우리 발밑에 쌓여 있는 것도 잠시, 이런저런 이유로 사라져 흔적조차 찾을 수 없게 되지요.

땅에 떨어진 나무의 흔적들 — 꽃잎, 나뭇잎, 열매, 낙엽 등 — 은 나무에 매달려 있을 때와는 달리 몇 시간 만에 생기를 잃고 말지만, 적어도 그동안에 우리는 이것들을 마음껏 줍고 즐기는 자유를 얻을 수 있어요. 가로수에서 떨어진 꽃잎이나 낙엽을 줍는 걸 가지고 뭐라고 할 사람은 없으니까요.

발밑에 떨어진 자연물을 주워보세요. 아직 물기가 남아 촉촉하면 촉촉한 대로, 이미 말랐다면 바스락거리는 대로 마음이 가는 것들을 골라 손에 담아보세요. 좋아하는 색과 모양을 찾아 이리저리 줍다 보면 어느새 두 손이 모자랄 거예요.

너무 높아서 혹은 꺾을 수 없어서 멀리서만 바라보았던 꽃과 잎과 열매들이었다 해도 땅에 떨어지면 마음껏 보고 만질 수 있어요. 궁금했던 모양도 자세히 보고 촉감도 느끼면서 그렇게 가까이 관찰하다 보면 내 앞의 나무와 좀 더 친해지게 되지요.

손이 모자라게 주운 것들을 나의 공간으로 가지고 오면 이미 색도 바뀌고 생생하던 꽃잎도 축 처져 있는 것을 발견하게 돼요. 한편으론 아쉬운 마음도 들지만 그렇게 사라지는 것이기에 우리가 줍는 순간 느꼈던 설렘이 소중한 것이겠지요. 주우면서 인상적이었던 그 순간들을 기억하며 주워온 것들을 주변에 두고 한동안 바라보는 것도 계절을 즐기는 좋은 방법이랍니다.

비나 바람이 부는 봄날엔 꽃잎들이 꽃비처럼 쏟아져내려요. 조금 시들고 색이 바랬을지라도 이 또한 생명이기에 볼 수 있는 모습이지요. 떨어진 꽃잎 사이를 걸으며 작은 꽃잎들을 주워보세요.

주변에 떨어진 잎들을 들여다보는 것만으로도 자연의 색에 대한 감성을 깨울 수 있어요. 같은 종류의 잎에서 미묘한 색의 차이를 발견할 수도 있고, 다른 나뭇잎과 섞여서 이뤄내는 의외의 색의 조화를 만나볼 수도 있거든요. 가만히 앉아서 좋아하는 색깔의 나뭇잎을 골라보세요.

관심을 갖고 보기 시작하면 우리 주변에 꽤 많은 열매가 떨어진다는 것을 알 수 있어요. 그리고 그것들이 얼마나 예쁘고 사랑스러운지도요. 운이 좋으면 상처 하나 없이 깨끗한 열매를 주울 수 있지요.

오래 보관할 수 있는 열매가 솔방울만 있는 것은 아니에요. 언뜻 보면 비슷하지만 다른 열매들도 많이 있어요. 도시의 분주함 속에서 사라져 버리기 전에 내 손에 담아 즐겨보세요.

15 내 곁에 오래 둘 방법을 고민해보세요

두 손 가득 주운 자연물을 나의 공간으로 데리고 오면 다음 고민이 시작돼요. 이것들을 어떻게 하면 좋을까? 어떻게 하면 좀 더 오래 볼 수 있을까?

사실 어떤 방식으로도 우리가 주운 순간의 모습 그대로 보존할 수는 없어요. 모든 자연물은 생명력이 다하면 물기가 빠져 말라버리기 마련이니까요. 아무리 예쁜 나뭇잎이나 열매들도 시간이 지날수록 쪼그라들면서 색이 바래가는 것은 당연한 이치이지요. 다만 우리가 변해가는 모습을 있는 그대로 인정할 수 있다면, 한동안 함께할 나름의 방법을 모색할 수 있어요. 마른 잎의 아름다움을 찾아가면서 말이에요.

나뭇잎이나 꽃잎처럼 얇고 평면적인 것들은 어릴 적 한 번쯤 해보았던 것처럼 책갈피에 끼워 넣어보세요. 꽃송이처럼 입체적이지만 부드러운 자연물은 무거운 책으로 누르면 잘 눌린답니다. 이런저런 시도를 하다 보면 의외로 색이 잘 보존되거나 마른 후에 그 구조가 더욱 선명히 드러나는 식물들을 발견하기도 해요.

솔방울처럼 목질의 비늘 조각으로 둘러싸인 단단한 구과 열매들은 꽤 오래 곁에 둘 수 있어요. 큰 충격을 받지 않는 한 고유의 형태를 유지하지요. 비슷하지만 다른 방울 모양의 열매들을 만나면 주워서 가져오세요. 함께 모아두면 더 풍성진답니다.

씨앗이 안에 들어 있는 동그란 형태의 열매들은 대부분 시간이 갈수록 쪼그라들고 검게 변색되기도 해요. 하지만 이는 자연스러운 현상이니 작은 유리병에 담아 마른 대로의 아름다움을 바라보는 것도 좋아요.

#16 모든 것이 지고 난 겨울나무의 모습을 바라보세요

어느새 모든 것을 떨어뜨린 빈 나무가 서 있습니다. 우리는 조용히 서 있는 겨울나무를 어떤 관점으로 바라보나요? 겨울의 쓸쓸함을 더해주는 삭막한 풍경이자 특별히 돌아볼 이유가 없는 존재로 인식하고 있진 않나요?

우리는 아무것도 남지 않은 겨울나무에 큰 관심을 기울이지 않지만, 나무는 겨울을 나기 위해 불필요한 것들을 모두 떨구고, 깊은 잠을 자고 있는 거랍니다. 혹독한 추위를 견디기 위해 일체의 활동을 멈추고, 조용히 봄이 오길 기다리는 것이지요. 우리가 느끼는 겨울나무의 조용함은 어쩌면 당연한 것인지도 모르겠어요.

겨울날의 만남은 더욱 특별해요. 아무것도 걸치지 않은 맨몸뚱이인 나무는 오직 겨울에만 만날 수 있으니까요. 이때에야 비로소 나무줄기와 가지가 만들어내는 나무 전체의 구조를 가감 없이 관찰할 수 있고, 겨울잠으로 생기를 잃은 나뭇가지들이 바람에 서로 부딪히며 바스락거리는 소리도 들을 수 있지요.

지난 계절 동안 이런저런 나무의 변화에 집중해왔다면, 이젠 추운 겨울을 나기 위해 아무런 움직임 없이 맨몸뚱이가 된 나무를 만나보세요. 이듬해 봄을 온전히 맞이하기 위해 고요함으로 겨울을 이겨내는 모습을 보면, 탄생과 성장, 결실과 침묵의 계절을 반복하는 나무의 삶을 이해할 수 있어요. 또한 탄생의 시간을 향해 나아가고 있는 강인한 생명력도 느낄 수 있지요.

실루엣으로 만나는 마른 나뭇가지들에는 지난 가을의 열매가 남아 있기도 해요. 작은 새가 먹이를 찾아 날아들기도 하고, 미처 떨어지지 못한 마른 잎들이 바람에 달랑거리기도 하지요.

있는 그대로의 겨울나무를 마주해보세요. 쓸쓸하면 쓸쓸한 대로, 고요하면 고요한 대로 우리가 느끼는 것들에 집중해보세요. 겨울나무의 침묵을 잠시나마 공감해보면서요.

PART 2 나무 ______와 알아가기

"첫 만남이란 원래 낯설고 생소한 법이니까요.
흐르는 계절 안에서 눈의 감각을 깨우며 만남을 이어간다면
어제는 보이지 않던 것들이 조금씩 보이기 시작할 거예요."

"나는 산수유입니다."

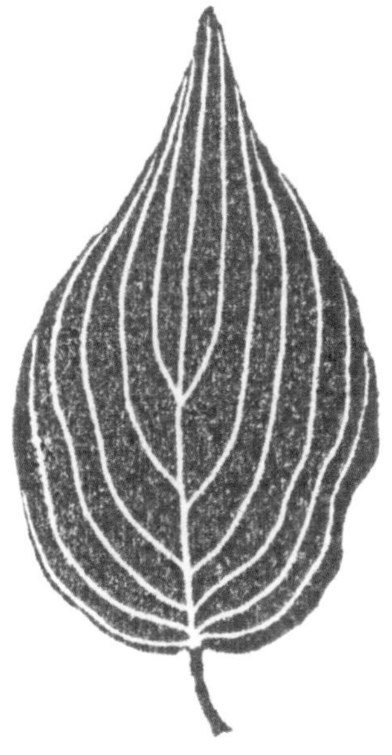

분주한 도심보다는 한가로운 공원이나 산책길에서 종종 만나는 산수유는 개나리나 벚꽃보다 한 걸음 먼저 봄을 알려주어요. 봄이면 노란 빛깔의 꽃들이 흩뿌리듯 피어나고, 여름이면 옆으로 느긋이 퍼진 가지에 싱그러운 잎과 열매가 매달리지요. 계절마다 꽃과 열매의 풍성함을 주는 산수유는 봄에만 바라보고 지나쳐버리기엔 아쉬운 우리 나무랍니다.

하나의 꽃눈에서 스무 송이가 넘는 꽃이 터져 나와요. 꽃자루가 우산살처럼 펼쳐져 제각각 꽃을 피우지요. 작은 꽃 안에는 암술 한 개와 수술 네 개가 있어요.

산수유 잎은 양쪽으로 마주나는데, 두 잎 사이에 초록빛 열매가 달려요. 열매는 점차 노랗게 변하다가 10월 즈음 다홍빛으로 탐스럽게 익지요.

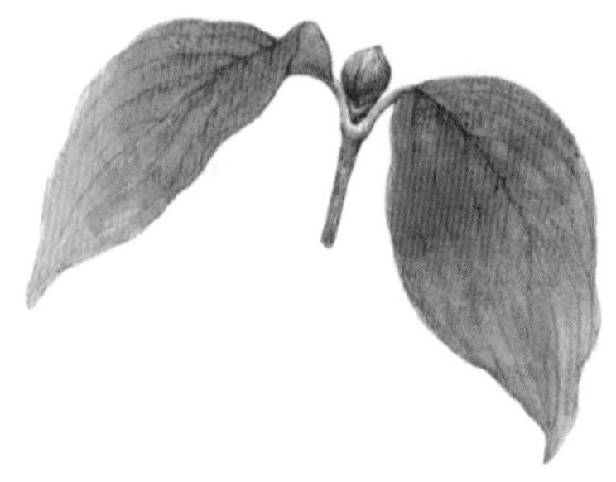

두 나뭇잎 사이에 자리 잡은 겨울눈은 동그랗고 통통한 모습이에요. 깍지 모양으로 갈색을 띠어요.

내 주변에서 만난 산수유와 친해지기

3월 작은 꽃을 가까이서 들여다보세요

한 개의 작은 꽃눈에서 스무 송이 많게는 서른 송이의 꽃들이 피어나는데, 그중엔 봉오리도 있고 꽃잎을 뒤로 젖혀 활짝 핀 꽃도 있어요. 다양한 모습의 꽃을 함께 찾아볼 수 있어 더욱 즐겁지요.

7월 잎과 열매의 모습을 관찰해보세요

꽃이 지고 잎이 달리기 시작하면 산수유는 전혀 다른 모습으로 변해요. 시원스러운 잎맥을 가진 나뭇잎들이 가지마다 매달리며 녹음을 더해가죠. 여름이면 나뭇잎 사이에서 작은 초록빛 열매들도 발견할 수 있어요. 푸른 잎에 가려 자칫 놓쳐버릴 수 있으니 나뭇잎 뒤를 잘 살펴보세요.

10월 붉은 열매를 찾아보세요

나뭇잎들이 가을을 향하며 조금씩 바래가는 사이, 열매들은 더욱 깊은 붉은빛으로 익어가요. 여름부터 지켜보았다면 초록빛 열매가 노랗게, 다시 붉게 익어가는 모습도 볼 수 있었을 거예요. 나무 가득 매달린 붉은 빛깔의 반짝이는 열매들을 즐겨보세요.

12월 겨울을 보내는 나무를 관찰해보세요

나뭇가지 끝을 살펴보면 이듬해 봄을 준비하는 겨울눈을 찾아볼 수 있어요. 동그랗고 끝이 뾰족한 깍지 두 개가 마주한 모습이에요. 붉은 열매도 만날 수 있어요. 겨울까지 남아 있는 붉은 열매는 말라서 생기를 잃긴 했지만, 새들의 소중한 먹이가 되어주지요. 옆으로 드리운 나뭇가지와 불규칙하게 갈라진 나무껍질은 겨울에 더 잘 볼 수 있는 산수유의 모습이에요.

"나는 회양목입니다."

회양목은 우리 주변에서 어렵지 않게 만날 수 있는 정원수예요. 주로 도심 화단과 보행로의 경계 혹은 보행로와 차로의 경계에 죽 늘어서서 낮은 울타리 역할을 하지요. 무릎 정도의 키에 둥글거나 네모난 모양으로 다듬어진 초록빛 나무가 보인다면 분명 회양목일 거예요. 회양목은 땅에서 가지가 여러 개 모여 나와 다발의 형태로 자라나요. 동그란 잎을 가지마다 빼곡히 달고 있어 가지를 치는 대로 전체 모양이 만들어지죠. 그늘과 양지를 가리지 않을 뿐만 아니라, 건조함과 공해에도 끄떡없는 굳건한 생명력을 가져 도시나무로 사랑받고 있어요.

회양목 꽃은 손톱보다 작은 크기예요. 연두색 암꽃과 노란색 수꽃이 모여 하나의 꽃송이를 만들어요.

회양목의 잎은 타원형 모양이에요. 잎 전체가 두툼하고 윤기가 나지요. 잎은 양쪽으로 마주 보며 달려요.

둥근 모양의 초록 열매는 세 개의 작은 뿔이 달려 있어요. 초록빛은 점점 갈색으로 변하다가 세 갈래로 갈라져 품고 있던 씨앗을 드러내죠. 씨앗은 모두 여섯 개인데, 검은색이고 광택이 있어요.

겨울눈은 가지 끝에 흰빛을 띠며 달려요. 동글동글한 작은 조각들이 모여 있는 모습이지요.

내 주변에서 만난 회양목과 친해지기

2월 나뭇가지 끝을 관찰해보세요

아무것도 없을 것 같은 추운 시기이지만 나무들은 봄을 위한 준비를 하고 있어요. 나뭇가지 끝을 바라보면 흰빛을 띤 작은 알맹이들이 달려 있는데 이것이 바로 겨울눈이에요. 겨울눈 안에서 이른 봄 피워낼 꽃을 준비 중이지요.

3월 나뭇잎 사이에서 꽃을 찾아보세요

이른 봄, 회양목 꽃이 서둘러 피어나요. 아직 피어난 꽃이 많지 않은 시기라서 벌들에게 회양목 꽃은 귀한 식량이 되지요. 조금 더 가까이 다가가보면 생각보다 진한 꽃향기에 놀라게 될 거예요.

5, 6월 열매를 살펴보세요

초록빛 잎 사이로 작은 열매가 보여요. 동그랗지만 뿔이 세 개 달려 있어 조금은 우스꽝스럽기도 하고 귀엽기도 해요. 초록빛 단단한 열매 속에 무엇이 들었는지 궁금하다면 작은 열매 하나쯤은 따봐도 좋겠죠. 세로 면과 가로 면으로 잘라서 열매 속 씨앗이 자리 잡은 모습을 관찰하는 것도 즐거운 경험이 될 거예요.

7월 씨앗을 발견해보세요

동그란 초록빛 열매는 물기가 사라지면서 갈색으로 변해가요. 그리고 점차 갈라지면서 검은 씨앗이 바깥으로 나오게 되지요. 자세히 살펴보면 어떤 열매는 여전히 씨앗을 품고 있기도 하고, 어떤 열매는 완전히 세 갈래로 벌어져 이미 씨앗이 온데간데없기도 해요. 혹 잘 익은 씨앗을 발견했다면 그 단단함과 반짝이는 광택을 손과 눈으로 느껴보세요.

"나는 진달래입니다."

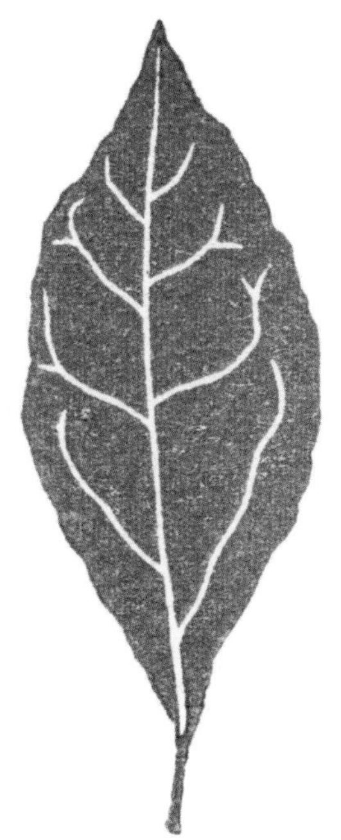

봄기운과 함께 찾아오는 분홍빛 꽃의 주인공은 진달래예요. 도심 공원이나 정원에서 쉽게 만날 수 있지요. 크기는 사람 키만 하고, 잎이 달리기 전에 가지 가득 진분홍빛 꽃을 먼저 피워요. 진달래꽃과 철쭉은 모양과 색이 비슷해서 헷갈리죠? 차이점을 알려드릴게요. 진달래는 꽃이 먼저 피었다가 진 후에 잎이 나오는 반면, 철쭉은 꽃과 잎이 함께 핀답니다. 또 진달래는 먹을 수 있어 '참꽃'이라 불렀고, 철쭉은 먹을 수 없어 '개꽃'이라 불렀다고 해요.

겨울눈은 가지 끝에 둘 내지 다섯 개가 모여 달려 있어요. 끝이 뾰족한 달걀 형태를 하고 있어요.

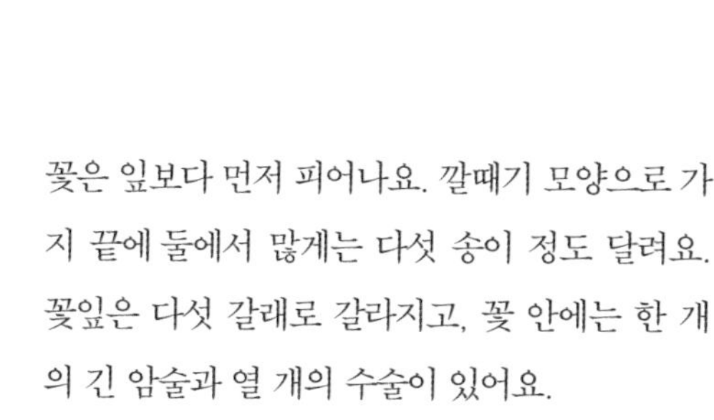

꽃은 잎보다 먼저 피어나요. 깔때기 모양으로 가지 끝에 둘에서 많게는 다섯 송이 정도 달려요. 꽃잎은 다섯 갈래로 갈라지고, 꽃 안에는 한 개의 긴 암술과 열 개의 수술이 있어요.

열매는 원통형이에요. 갈색으로 익으면 끝이 다섯 갈래로 벌어지며 씨앗이 나와요.

꽃이 지고 나면 잎이 나요. 진달래 잎은 끝이 뾰족하고 가장자리는 밋밋해요. 가지를 중심으로 서로 어긋나며 달리지요.

내 주변에서 만난 진달래와 친해지기

2월 겨울눈을 찾아보세요

아직 봄이 오기 전, 진달래의 겨울눈을 찾아보세요. 나뭇가지 끝에 두 개 많게는 다섯 개의 겨울눈이 물기를 머금은 듯 연초록빛을 띠며 다가올 봄을 맞이할 준비를 하고 있을 거예요. 혹 지난 가을의 열매가 아직 가지에 매달려 있다면 말라버린 열매껍질 하나를 살짝 따서 살펴보는 것도 작은 즐거움이 될 거예요.

3, 4월 꽃을 만나보세요

분홍빛 진달래꽃은 잎보다 먼저 피어요. 꽃들이 나뭇가지 끝에 옹기종기 핀 모습과 다섯 갈래로 갈라진 꽃잎 그리고 길게 뻗어 나온 암술과 수술을 관찰해보세요. 또 꽃이 지는 모습도 지켜보세요. 진달래꽃은 꽃잎이 통째로 쏙 빠지며 땅에 떨어져 암술과 수술만 남아요. 진달래꽃으로 전을 부칠 때도 꽃술은 남기고 꽃잎만 쏙 빼어 넣는답니다.

10월 열매를 찾아보세요

꽃이 지고 나뭇잎만 달려 있는 진달래는 왠지 다른 나무 같아요. 하지만 가지 끝에 길쭉한 원통 모양으로 달린 열매를 보면 꽃잎 가운데서 길게 머리를 내밀었던 암술대가 그대로 남아 있는 걸 발견할 수 있지요. 열매는 갈색으로 익어 다섯 갈래로 갈라지며 벌어져요. 그 안에는 길쭉한 모양을 한 씨앗들이 들어 있어요.

"나는 백목련입니다."

봄을 알리는 개나리와 진달래가 만발할 때면, 커다란 나뭇가지마다 가득히 탐스러운 흰 꽃을 매달고 우리 눈길을 사로잡는 꽃나무. 흔히 '목련'이라 알려진 나무예요. 목련은 오래전부터 우리 땅에 살던 식물로 이름이 익숙하지만, 실제로 오늘날 우리 주변에 있는 목련 대부분은 중국 원산인 '백목련'이에요. 조금은 아쉬운 부분이지만 주변의 백목련과 친해지다 보면 어딘가 우연히 만날 목련에게도 반갑게 인사할 수 있을 거예요.

겨울눈은 부드러운 솜털로 덮여 있어요. 뾰족이 털로 감싸인 모습이 꼭 붓처럼 생겼다고 해서 '목필(木筆)'이라는 별명이 붙었지요. 커다란 눈이 꽃눈이고 바로 아래 달린 작은 눈이 잎눈이에요.

백목련의 꽃은 유백색으로 꽃잎이 두툼해요. 꽃잎은 활짝 펼치지 않고 아랫부분이 종 모양처럼 살짝 오므리고 있어요.

암술은 길게 솟아나온 기둥에 나선형으로 달리고 수술은 기둥 아랫부분에 촘촘히 자리를 잡고 있어요. 수술의 아랫부분은 자줏빛을 띠어요.

수정 후 암술이 커지면서 초록빛의 작은 열매가 맺혀요. 잎은 점차 커지면서 두툼해지고 표면에 윤기가 흘러요.

열매는 길쭉한 데다 칸칸이 씨앗을 품고 있어요. 여름내 붉게 무르익은 씨앗은 껍질이 갈라지면서 밖으로 모습을 드러내지요.

내 주변에서 만난 백목련과 친해지기

3월 겨울눈을 찾아보세요

겨울눈은 여전히 털로 덮인 채 아무 변화가 없어 보이지만 조금씩 부풀어 오르며 껍질을 열 준비를 하고 있어요. 크고 탐스러운 털로 덮인 꽃눈과 그 아래 조그맣게 자리 잡은 잎눈을 관찰해보세요. 털의 부드러움과 그 안의 단단함도 손으로 느껴보고요.

4월 꽃이 피고 지는 모습을 지켜보세요

겨울눈을 뚫고 나온 꽃송이가 꽃잎을 하나씩 벌리며 피어나고 있어요. 같은 나무에서 피었지만, 제각각 다른 형태를 띠며 커다란 꽃잎을 조심스럽게 벌리는 모습은 백목련만의 매력이지요. 활짝 만개한 꽃들은 조금씩 꽃잎을 늘어뜨리다 마침내 바닥으로 툭 떨어뜨려요.

8월 여름을 보내는 나무의 모습을 관찰해보세요

백목련의 꽃을 기억하는 사람들은 많지만 그 잎과 열매를 아는 사람은 많지 않아요. 봄에는 미처 보지 못했던 시원스런 나뭇잎과 꽃이 진 곳에 자라난 신기한 모습의 열매가 봄의 백목련과는 다른 새로운 인상을 안겨줄 거예요. 초록빛이 유난히 싱그러운 백목련의 두툼한 잎을 손으로 느껴보세요.

12월 겨울을 보내는 나무의 모습을 살펴보세요

여름내 푸르던 잎들은 기온이 내려가면서 노랗게 단풍이 들어 결국 바닥으로 모두 떨어져버려요. 아무것도 남지 않았을 것 같은 앙상한 나뭇가지의 끝, 무언가 반짝이는 것들이 보이나요? 그건 고운 솜털로 싸인 겨울눈들이에요. 내년 봄을 위해 준비하고 있어요.

"나는 개나리입니다."

봄이면 어김없이 산과 들은 물론이고 도시 곳곳에서 만나게 되는 노란 빛깔의 주인공은 바로 개나리입니다. 우리 주변에 이렇게 개나리가 많았는지 새삼 놀랄 정도로 공원과 도시 정원 대부분에서 개나리를 만날 수 있어요. 개나리는 여러 대의 줄기가 땅에서부터 촘촘히 모여 나는데, 줄기 가득 노란 꽃을 매달아 보는 이의 마음을 화사하게 해주지요. 게다가 우리나라에서만 자라는 특산 식물이라니, 많은 사랑을 받는 이유가 충분하죠?

꽃봉오리는 가지 양쪽으로 마주 달려요. 아직 피어나지 않은 노란 꽃잎은 나선 모양으로 돌돌 말려 있어요.

꽃은 종 모양으로 꽃잎이 네 갈래로 갈라져 있지만, 꽃 아래를 보면 꽃잎이 붙어 있는 통꽃이란 걸 알 수 있어요.

열매는 달걀 모양으로 끝이 뾰족하고, 표면에 돌기가 있어요. 초록색 열매가 갈색으로 익으면 두 갈래로 벌어지면서 씨앗이 나와요.

잎은 기다란 모양으로 위쪽 가장자리에 톱니가 있고 끝이 뾰족해요. 가지 양쪽으로 잎이 마주 달려요.

내 주변에서 만난 개나리와 친해지기

4월 꽃에 가까이 다가가보세요

늘 멀리서만 노란 개나리꽃을 바라보았다면, 오늘은 몇 발짝 가까이 다가가 꽃 안쪽을 들여다보세요. 꽃잎이 네 갈래로 갈라져 있지만 밑동은 붙어 있는 통꽃이란 것도, 꽃 속 두 개의 수술 아래 짧은 암술이 숨어 있다는 것도 발견할 수 있죠. 꽃잎 결의 부드러움도 느껴보고요.

5월 개나리 잎을 만나보세요

개나리꽃이 지기 시작하면 잎이 조금씩 초록빛을 드러내요. 가지마다 노란 꽃이 아닌 초록 잎으로 가득 찬 개나리는 왠지 좀 낯설지요. 꽃 못지않게 잎도 가지 가득 풍성하게 피어 울타리 역할을 해내기에 손색이 없어요. 잎이 서로 마주 달린 모습과 잎 윗부분의 톱니도 관찰해보세요.

7월 개나리는 열매를 보기 어려워요

개나리 열매를 볼 시기이지만, 우리 주변 나무에서 열매를 발견하기란 쉽지 않아요. 개나리는 '암술이 긴 종'과 '암술이 짧은 종'이 있는데, 조경용으로 심는 것은 대부분 '암술이 짧은 종'이어서 수정이 잘 일어나지 않기 때문이에요. '암술이 짧은 종'이 꽃이 더 크고 색이 아름다우며 개화 기간도 길어서 조경용으로 더 사랑받는 거죠. 혹시 열매를 발견했다면 그 나무는 '암술이 긴 종'일 거예요.

"나는 왕벚나무입니다."

벚꽃은 잎이 나기 전에 한꺼번에 피어나요. 벚꽃의 화려함은 낮과 밤을 가리지 않고 언제 어디서나 사람들의 발길을 붙잡지요. 도시의 가로변이나 공원에서 주로 만나는 벚나무 종류는 꽃이 가장 풍성하고 화려한 왕벚나무예요. 왕벚나무가 일본에서 많은 사랑을 받아 흔히 일본 나무로 오해하기 쉬운데, 실은 우리나라 제주에서 일본으로 건너간 우리 나무랍니다.

겨울눈은 달걀 모양이고 끝이 뾰족해요. 꽃이 필 시기가 다가오면 눈이 점점 부풀어 오르며 터질 준비를 해요.

눈이 터지면 셋에서 다섯 송이씩 꽃이 모여 피어요. 꽃잎은 다섯 장으로 흰빛을 띠어요.

동그란 열매는 초록빛이다가 붉은빛을 띠고, 점차 검붉은 색으로 변해요. 익을수록 표면이 더욱 반짝거려요.

잎은 끝이 뾰족하고 가장자리에 자잘한 톱니가 나 있어요. 가을이면 노랑, 주홍, 빨강의 빛깔을 머금으며 단풍이 들어요.

내 주변에서 만난 왕벚나무와 친해지기

3월 꽃이 피기 전에 겨울눈을 관찰해보세요

추운 겨울을 견디고 서둘러 봄꽃을 피우는 왕벚나무의 겨울눈은 이른 봄부터 조금씩 변하기 시작해요. 매일매일 더 통통해지고 윤기가 나는 겨울눈을 지켜보며 꽃이 피어날 순간을 기다려보세요. 그해의 벚꽃은 분명 더 특별하고 감동적일 거예요.

4월 가까이 다가가 꽃을 살펴보세요

하나의 꽃송이를 구성하는 요소들(꽃잎, 암술, 수술, 꽃받침)과 각각의 색은 멀리서는 볼 수 없는 꽃 안의 작은 세계랍니다. 그 세계를 경험하고 나면 멀리서도 작은 꽃의 섬세한 아름다움을 느낄 수 있어요. 분홍빛을 띠던 꽃봉오리가 활짝 피면서 흰빛이 되고, 만개 후 꽃잎을 한 장씩 바닥으로 떨어뜨리는 모습도 살펴보세요.

6월 열매의 모습을 살펴보세요

꽃 대신 초록 잎이 나무를 가득 메우면 무성한 잎사귀들 사이에서 일어나는 일에 무심해지는데요. 그럴 때 나무를 한번 올려다보세요. 나뭇잎 사이에서 노랑, 주홍, 다홍 등 색색이 익어가는 버찌를 생각보다 쉽게 발견할 수 있어요. 아름다운 색의 향연을 놓치지 마세요.

10월 단풍을 즐겨보세요

벚나무 잎은 가을이 되면 황갈색으로 물들어요. 화려하진 않지만 가을의 운치를 느끼기에 충분하지요. 잎마다 노란빛과 붉은빛을 머금은 정도가 달라 벚나무 낙엽 위를 걸으며 좋아하는 색의 잎을 골라보는 것도 즐거울 거예요.

"나는 조팝나무입니다."

조팝나무는 흰 꽃으로 둘러싸인 긴 방망이 모양을 하고 있어요. 건물 주변이나 공원 등지에서 쉽게 만날 수 있는 꽃나무이지요. 나무줄기가 아래에서 여러 개 모여 나와 사방으로 퍼지는데, 하얀 꽃들이 가득 달려 아래로 휘어진 모습이 개나리와 비슷해요. 사람 키 정도로 그리 크게 자라지 않아서 꽃이며 열매를 가까이에서 관찰하기 좋지요. 자잘한 흰 꽃이 마치 좁쌀을 튀겨놓은 것 같다 하여 '조밥나무'로 불리던 것이 조팝나무가 되었다고 해요.

봄이 되면 잎보다 꽃이 먼저 피어요. 꽃은 손톱만 한 크기인데, 하얀 다섯 장의 꽃잎 사이에 다섯 개의 암술과 스무 개 정도의 수술이 자리하고 있어요. 꽃이 가지 마디마다 빼곡히 매달려 긴 꽃방망이를 만든답니다.

꽃잎이 떨어지면 다섯 개의 암술이 발달하여 통통한 별 모양의 열매가 돼요. 열매는 처음엔 연한 초록색이다가 점차 갈색으로 변하며 익어가지요.

열매가 완전히 익으면 윗부분이
벌어지면서 씨앗이 나와요.
열매껍질은 씨앗을 내보내고도
한동안 나무에 매달려 있어요.

꽃이 피어난 후 잎도 무성히 달려요. 잎은 길고 끝이 뾰족한 모양이에요. 가장자리엔 톱니도 보이지요. 가을이면 초록 잎이 붉게 물든 뒤 낙엽이 되어요.

내 주변에서 만난 조팝나무와 친해지기

4월 작은 꽃을 들여다보세요

조팝나무는 꽃이 무리지어 피기 때문에 작은 꽃 한 송이의 아름다움을 놓치기 쉬워요. 늘 멀리서만 바라보았다면 오늘은 한 발짝 가까이 다가가보세요. 그리고 한 송이 꽃에 초점을 맞추어 관찰해보세요. 작고 동그란 꽃잎들과 꽃을 받치고 있는 앙증맞은 별 모양의 꽃받침을 발견했다면 성공이에요.

6월 열매의 모습을 살펴보세요

꽃이 진 자리에 열매가 맺혀요. 열매는 다섯 갈래로 갈라진 별 모양을 하고 있어요. 다섯 개의 암술이 발달하여 열매가 되었기 때문이지요. 꽃처럼 작은 열매는 연두색에서 점차 갈색으로 변하다가 마침내 완전히 익으면 씨앗이 날아가기 좋게 윗부분이 벌어져요. 입을 벌린 열매를 거꾸로 들어 흔들어보면 아직 날아가지 못하고 남아 있던 씨앗이 툭 떨어질 거예요.

11월 나뭇잎의 색을 관찰해보세요

여름내 초록빛이던 나뭇잎들은 기온이 떨어지면서 조금씩 붉어져요. 단풍은 초록빛이 다른 색으로 변하는 것이 아니라, 기온이 낮아지면서 녹색의 엽록소가 파괴되어 원래 존재하던 노랗고 빨간 다른 색소가 드러나는 현상이에요. 나뭇잎의 붉은색을 관찰하며 가을이 얼마나 깊어졌는지 가늠해보세요.

"나는 수수꽃다리입니다."

따뜻한 봄날의 저녁, 산책을 하다가 문득 불어오는 꽃향기에 주변을 둘러본 적이 있나요? 5월에 만나는 꽃향기의 주인공은 바로 수수꽃다리랍니다. 나무줄기 아래쪽에서부터 가지가 갈라져 나와 곧게 위로 뻗으며 크지요. 커다란 꽃이 수수 이삭과 닮았다 하여 수수꽃다리라고 이름 지었다고 해요. 흔히 서양 품종을 일컫는 '라일락'이라는 이름으로 잘 알려져 있는데, 수수꽃다리가 라일락에 비해 키와 꽃송이가 작은 것 외에는 구별이 쉽지 않을 만큼 서로 닮았어요. 이왕 구별이 어렵다면, 라일락이라는 서양 이름보다는 수수꽃다리라는 정겨운 우리 이름으로 부르면 어떨까요?

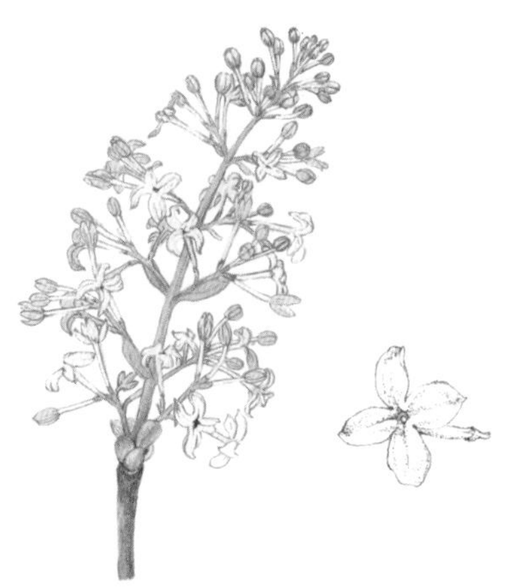

나뭇가지 끝에 달린 커다란 꽃송이마다 자줏빛 꽃들이 피어나요. 꽃잎은 네 갈래로 갈라지고 꽃의 중심엔 푸른빛이 있어요.

수수꽃다리는 꽃과 잎이 함께 나와 자라요. 잎은 두 장씩 마주나는데, 아래쪽은 넓적하고 끝은 뾰족한 삼각형이에요.

여름이 오면 꽃송이 자리에 열매가 맺혀요. 열매는 긴 모양으로 끝이 뾰족하고 표면엔 광택이 있어요.

열매가 흑갈색으로 완전히 익으면 두 갈래로 갈라지면서 벌어져요. 열매 안의 씨앗이 충분히 성숙되면 갈라진 틈으로 나오지요.

내 주변에서 만난 수수꽃다리와 친해지기

4, 5월 꽃의 향기를 맡아보세요

봄이 무르익으면 수수꽃다리의 가지 끝에 작은 잎과 꽃봉오리들이 모습을 드러내요. 이때부터 조금씩 나무 주위로 은은한 향기가 퍼지기 시작하죠. 꽃이 만개하면 그 진한 향이 어디까지 갈지 가늠하기 힘들 정도예요. 어디선가 꽃향기가 코끝에 와 닿으면 주변을 둘러보며 자줏빛 수수꽃다리를 찾아보세요.

7월 열매를 찾아보세요

열매도 꽃처럼 이삭 모양으로 매달려요. 가지 끝 꽃이 진 자리를 살펴보면 통통하게 살이 찐 연둣빛 열매를 발견할 수 있어요. 눈으로만 보지 말고, 매끄러운 표면을 만져보세요. 열매의 싱그러움을 한층 더 느낄 수 있을 거예요.

9월 열매 속 씨앗을 살펴보세요

대부분의 열매가 그렇듯, 가을이 깊어갈수록 껍질은 흑갈색으로 변해요. 물기를 머금었던 껍질은 목질로 단단해지고 말라가다가 이내 벌어져 안에 있던 씨앗이 밖으로 나오도록 돕지요. 열매 속을 한번 들여다보세요. 씨앗을 찾고 씨앗이 밖으로 나오는 모습을 관찰하는 것은 가을이 주는 또 하나의 즐거움이에요.

"나는 산철쭉입니다."

개나리와 진달래가 봄을 여는 꽃나무라면, 철쭉류는 봄의 한가운데에 있는 꽃나무예요. 도시 곳곳을 화려하게 수놓으며 봄의 절정을 느끼게 해주지요. 그런데 주변에서 쉽게 볼 수 있고 우리가 흔히 철쭉이라 부르는 진분홍빛 꽃나무는 사실 '철쭉'이 아니라 '산철쭉'이에요. 철쭉은 주로 산에서 자라며 산철쭉보다 큰 키에 연분홍색 꽃을 피운답니다. 모두 진달래과 가족들로 꽃의 모양이 비슷해요. 진달래가 꽃이 먼저 피는 반면 철쭉류는 꽃과 잎이 함께 피는 차이점이 있지요.

꽃은 가지 끝에 두세 송이씩 모여 피어요. 짙은 분홍빛을 띠고, 꽃잎 안쪽에는 자줏빛 반점이 점점이 박혀 있지요. 특이하게도 꽃받침 주변에서 끈끈한 액체가 나와요.

잎은 긴 모양으로 가늘고 끝이 뾰족해요. 잎의 앞뒤에는 털이 나 있어요.

타원형의 작은 열매는 긴 털로 덮여 있어요. 열매 끝에는 암술대가 길게 남아 있어요.

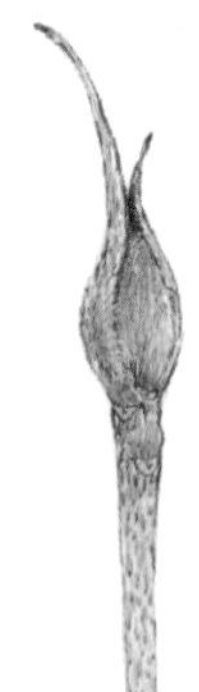

겨울눈은 마른 잎으로 싸여
잔털로 덮여 있어요.

내 주변에서 만난 산철쭉과 친해지기

5월 꽃과 그 주변을 관찰해보세요

봄이 완전히 무르익을 즈음, 산철쭉꽃은 잎과 함께 피어나요. 빽빽이 들어찬 진분홍빛 꽃무리는 어느 곳에 있든 가장 먼저 눈에 띌 만큼 화려하죠. 산철쭉꽃은 여타 철쭉꽃처럼 꽃받침에 끈끈한 액체가 있어서 만져보면 끈적임을 느낄 수 있어요. 이는 진달래나 영산홍에는 없는 특성이어서 철쭉류를 구별하는 방법이 되기도 하지요. 끈끈한 액체는 곤충들이 점점 기승을 부리는 늦은 봄에 나무를 보호하는 역할을 하기도 해요. 진달래꽃은 먹을 수 있지만 철쭉류의 꽃은 독성이 있어 먹으면 안 돼요. 진달래와 철쭉을 구별해야 하는 이유이지요.

8월 열매를 찾아보세요

잎 사이에 작은 열매들이 조금씩 매달리는 걸 발견할 수 있어요. 타원형의 열매는 긴 털로 덮여 있어요. 잎들이 붉어질 때까지 그 모습을 유지하며 단단해지지요. 암술대가 남아 삐죽이 올라온 모습과 열매가 여물어가는 모습을 지켜보세요.

10월 가을의 모습을 관찰해보세요

가을이 다가오면서 기온이 내려가면 산철쭉 잎들은 붉게 변해요. 잎들이 떨어지기 시작하면 열매의 모습도 달라져요. 초록빛에서 갈색으로 변하고, 껍질이 마르면서 여러 갈래로 갈라지지요. 열매 안에 있는 씨앗들은 밖으로 나올 준비를 해요.

"나는 이팝나무입니다."

늦은 봄, 눈이 내린 듯 온통 하얗게 뒤덮여 잎조차 보이지 않는 나무가 있어요. 부슬부슬한 흰빛의 꽃잎들이 가득 매달린 나무, 바로 이팝나무입니다. 수형이 수려하고 꽃이 화사해서 가로수나 정원수로 사랑받는 나무이지요. 네 갈래로 갈라진 가녀린 꽃잎들이 헤아릴 수 없이 가득 매달린 모습은 어디서 만나도 눈을 뗄 수 없을 만큼 매력적이에요. 꽃이 마치 흰 쌀밥 같다 하여 옛날에는 '이밥나무'라 불렸고, 농부들은 꽃이 얼마나 많이 달리는지를 보며 한 해 농사를 점쳤다고 해요.

가지 끝에 네 갈래로 갈라진 흰 꽃이 피어요. 꽃은 마주 갈라지는 꽃대의 마디 끝에 달리는데, 20일 정도 피어 있지요.

꽃잎은 가늘고 길어요. 윗부분은 네 갈래로 갈라졌지만 아래는 붙어 있어요.

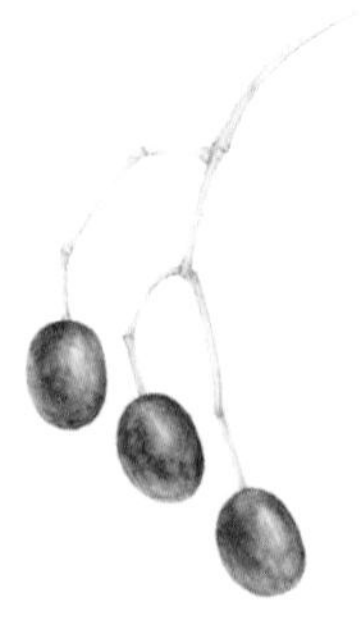

열매는 타원형으로 표면이 단단해요. 초록빛을 띠다가 점차 짙푸른 보라색으로 변해 겨울까지 가지 끝에 매달려 있어요.

잎은 긴 모양으로 가장자리가 밋밋하고 끝이 뾰족해요. 양쪽으로 마주나며, 가을이면 노란빛으로 물들어요.

내 주변에서 만난 이팝나무와 친해지기

5월 꽃의 질감을 느껴보세요

이팝나무는 봄에는 흰 꽃으로, 가을에는 보라색 열매로 우리의 눈길을 사로잡는 수려한 나무예요. 바람이 불 때마다 수많은 꽃잎이 팔랑거리며 일렁이는 모습은 한참을 지켜보아도 신비롭기만 해요. 흰 꽃은 어른 손가락 한 마디 정도의 크기인데, 자잘하게 갈라진 기다란 모양의 꽃잎이 무척 인상적이에요. 가까이 다가가 잔잔한 꽃잎의 질감을 느껴보세요. 일반적인 꽃과는 다른 특별한 아름다움을 경험할 수 있을 거예요.

9월 열매를 찾아보세요

이팝나무는 암나무와 수나무가 따로 있어서 암나무에서만 열매를 만날 수 있어요. 암나무와 수나무는 겉모습에 별 차이가 없어 열매가 열리기 전까지는 어떤 게 암나무인지 알 수 없어요. 타원형 열매는 처음엔 초록빛이다가 점차 익으며 보랏빛으로 변해가요. 나뭇잎 사이에 조롱조롱 매달린 열매들은 이팝나무가 선사하는 가을의 아름다움이에요.

11월 단풍과 열매의 모습을 즐겨보세요

큼직하고 윤기가 흐르는 이팝나무의 잎은 봄과 여름 사이 싱그러움을 뽐내다가 가을이 되면 조금씩 노란빛으로 물들지요. 노랗게 단풍이 들기 시작하면 열매는 완전히 익어 검은빛에 가까워지고요. 노란빛과 검은빛이 만들어내는 색의 조화가 정말 멋지답니다.

"나는 등입니다."

5월의 따스한 햇볕이 내리쬐는 날, 보랏빛 꽃송이가 주렁주렁 매달린 곳 아래에 앉아 봄 향기를 즐겨본 적이 있나요? 오래된 학교나 관공서, 동네 공원에 자리한 벤치 위로 시원한 그늘을 드리우는 나무가 바로 등입니다. 등은 버팀목을 휘감고 올라가는 덩굴나무로, 흔히 벤치 주변에 버팀목을 세우고 줄기를 올려 나무 그늘을 만드는 데 이용되어요. 한여름 도심 속 무더위를 식혀주는 그늘 역할을 톡톡히 해주는 고마운 나무이지요. 예로부터 줄기로 생활용품을 만들기도 하고, 어린잎은 나물로 먹기도 했어요. 뭐 하나 버릴 것 없이 쓰임이 좋은 나무랍니다.

나무줄기 사이로 기다란 꽃대가 늘어져요. 긴 꽃대에는 보랏빛 작은 꽃들이 옹기종기 모여 달리는데, 꽃은 위쪽부터 차례차례 피어나요. 위쪽 꽃잎 중심에는 노란색 무늬가 있고, 아래쪽 꽃잎 안에는 암술과 수술이 들어 있어요.

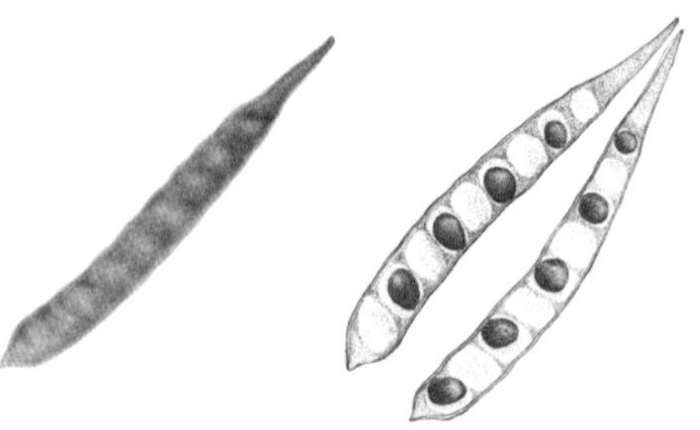

열매는 꼬투리로 맺히는데, 꽃처럼 아래로 매달려 있어요. 표면은 짧고 부드러운 털로 덮여 있지요. 처음에는 연둣빛이다가 익어가며 차츰 갈색으로 변해요. 열매가 완전히 익으면 쪼개지면서 그 안에 있는 씨가 나와요. 흑갈색 광택이 있는 씨앗은 납작하고 동그래요.

등 잎은 길고 끝이 뾰족해요. 가장자리가 주름져 있지요. 하나의 잎줄기에 잎이 보통 열한 장에서 열아홉 장까지 달리는데, 양쪽으로 마주나요.

내 주변에서 만난 등과 친해지기

5월 꽃을 만나보세요

주변에 만발한 봄꽃들을 보다 보면 자칫 등꽃을 놓치기 쉬워요. 햇살이 따가워 그늘을 찾고서야 등꽃이 이미 져버렸다는 사실을 알게 되지요. 보랏빛 꽃들이 풍성하게 매달린 모습은 그 밑에 앉아 한동안 바라보아도 질리지 않아요. 게다가 은은하게 풍겨오는 꽃향기는 시원한 그늘에 매력을 더해주지요. 가까이 다가가 작은 꽃의 모습과 그 향기를 즐겨보세요.

6월 열매를 찾아보세요

나뭇잎 사이로 뾰족이 튀어나온 꼬투리 열매들이 보이나요? 등은 콩과로 열매의 모양과 질감이 콩꼬투리와 비슷하답니다. 겉은 융단같이 부드러운 털이 감싸고 있어 보드랍지요. 하지만 껍질이 어찌나 단단한지 스스로 익어서 벌어지기 전에는 그 안을 들여다볼 수 없어요. 완전히 익은 후에야 단단하고 반짝이는 씨앗을 내보내지요.

8월 덩굴나무의 줄기를 관찰해보세요

버팀목을 칭칭 감싸고 올라간 줄기를 보면 등이 덩굴나무라는 것을 알 수 있어요. 담쟁이가 벽에 붙어 올라가는 덩굴나무라면, 등은 버팀목을 왼쪽이나 오른쪽으로 감고 올라가는 덩굴나무랍니다. 가지 끝을 보면 새로 난 초록 가지들이 하늘을 향해 고개를 들고 있는 걸 볼 수 있어요. 감고 올라갈 무언가를 찾고 있는 거랍니다.

"나는 칠엽수입니다."

'칠엽수'라는 이름이 낯선가요? 그럼 '마로니에'란 이름은 어떤가요? 칠엽수는 우리에게 마로니에라는 서양식 이름으로 더 잘 알려진 키가 큰 나무로, 도시의 공원이나 큰 건물 주변에서 찾아볼 수 있어요. 서울 대학로에 있는 마로니에 공원은 바로 이 칠엽수가 자라는 곳으로 유명하지요. 일곱 장의 나뭇잎들이 손바닥처럼 모여 있어 칠엽수라고 이름 지었는데, 꼭 일곱 장인 건 아니고 여섯 장 혹은 아홉 장이 붙어 있기도 해요. 칠엽수는 두 종류로 나뉘어요. 하나는 일본이 고향인 '칠엽수'로 열매가 매끈한 게 특징이고, 다른 하나는 유럽에서 자라난 '가시칠엽수'로 열매에 가시가 있는 게 특징이지요. 우리가 주변에서 만나는 칠엽수는 대부분 일본 원산의 '칠엽수'랍니다.

칠엽수의 겨울눈은 1~4cm로 다른 겨울눈들에 비해 큰 편이에요. 봄이면 커다란 겨울눈이 부풀어 오르고 벌어지면서 어린잎이 터져 나오는데, 일곱 장의 잎을 그대로 달고 나와요.

꽃은 대부분 수꽃으로 네 장의 꽃잎 사이로 수술이 길게 뻗어 있어요. 꽃잎은 흰색이고, 가운데 분홍빛 반점이 보여요.

꽃은 꽃가지를 중심으로 여러 송이가 함께 모여 피어요. 전체적으로 위로 솟은 고깔 모양이에요.
나뭇잎은 일곱 장 정도가 가지 끝에 둥글게 모여 달리는데, 가운데 가장 큰 잎은 30cm보다 더 크기도 해요. 시원스레 뻗은 잎맥과 큰 잎은 칠엽수의 특징이지요.

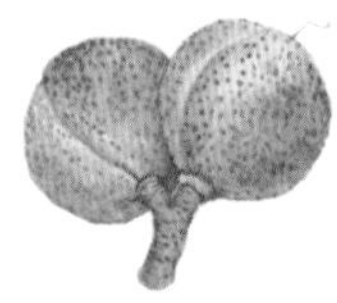

열매는 둥근 공 모양이고, 표면에 작은 점들이 박혀 있어요. 점차 갈색으로 익어 세 갈래로 갈라지며 그 안에서 커다란 씨가 나와요.

씨는 밤과 비슷하게 생겨 '말밤'이라고 불러요. 밤보다 좀 더 크고 표면은 반질거려요.

내 주변에서 만난 칠엽수와 친해지기

3, 4월 겨울눈과 새순을 관찰해보세요

칠엽수의 겨울눈은 어른 엄지손가락만 한 크기로 제법 큼직해서 변화를 관찰하기 좋아요. 봄이 다가오면 점점 윤기가 돌고 부풀어 오르는 것이 마치 꽃봉오리 같아요. 하나의 겨울눈에서 일곱 장으로 갈라진 작은 잎들이 터져 나와 구겨진 잎을 펼치지요. 잎은 처음엔 붉은빛을 띠고 우산 모양으로 접혀 있다가 서서히 펼쳐지며 초록빛으로 변해요.

5월 꽃을 관찰해보세요

나무의 키가 커서 쉽게 꽃을 놓칠 수 있으니 고개를 들어 꽃을 찾아보아야 해요. 군데군데 자리 잡은 고깔 모양의 꽃송이가 위로 힘차게 솟아오른 모습은 무척 흥미로워요. 한 송이씩 떨어지는 꽃도 무척 예쁘지요. 떨어진 꽃을 주워 꽃의 모습도 관찰해보세요.

8월 열매를 찾아보세요

커다란 칠엽수 잎 사이로 동그란 공 모양의 열매가 달려 있어요. 탁구공보다 좀 더 크지요. 열매는 점차 갈색을 띠며 익어가요.

11월 땅에 떨어진 단풍잎과 열매를 만나보세요

잎이 커서 노란색과 주황색이 뒤섞인 단풍 빛깔도 유난히 선명하게 느껴지는 듯해요. 잎 사이에서 발견되는 열매들은 어느새 껍질이 벌어져 밤처럼 생긴 씨가 겉으로 나와 있기도 해요. 아직 벌어지지 않은 열매는 살짝만 힘을 주어도 껍질 속에 꽉 찬 씨를 툭 꺼내 보여준답니다.

"나는 측백나무입니다."

측백나무는 사철 내내 푸른 침엽수예요. 침엽이라고 하면 잎이 단단하고 뾰족할 것 같지만, 측백나무 잎은 그렇지 않아요. 납작하고 작은 잎들이 마치 머리를 땋은 것 같은 모양으로 포개어 있는데, 끝이 뾰족하지 않아 만졌을 때 전혀 따갑지 않지요. 건물이나 공원 등의 경계 울타리로 많이 심어서 빽빽이 줄지어 늘어선 모습을 흔히 볼 수 있어요. 사촌이 되는 나무로 편백나무와 화백나무가 있는데, 서로 구별하기 쉽지 않아 종종 헷갈리곤 해요.

수꽃 암꽃

4월이 되면 갈색빛을 띤 작은 꽃들이 가지 끝마다 달려요. 암꽃과 수꽃으로 나뉘는데, 수꽃은 동그랗고, 암꽃은 꽃잎처럼 끝이 뾰족해요.

꽃이 지고 나면 초록빛 작은 열매가 달려요. 끝이 뾰족하게 솟아 있는데, 익으면 점차 갈라지고 벌어져 씨앗이 나와요.

씨앗은 흑갈색이고 하나의 열매에서 둘에서 여섯 개 정도의 씨앗이 나와요.

작은 잎들이 연달아 포개지며 짜임을 이루고 있어요. 군데군데 약간의 흰 점이 있어요.

내 주변에서 만난 측백나무와 친해지기

4월 꽃을 찾아보세요

측백나무 가지 끝에 갈색의 작고 동그란 것이 보인다면 그것이 바로 측백나무 꽃이에요. 꽃이라기보단 열매처럼 보이죠? 그래서 대부분 측백나무 꽃을 보고도 정작 그것이 꽃인지 알아채지 못해요. 초록 잎의 끝마다 달린 갈색의 작은 꽃은 화려하진 않지만 자세히 들여다보면 나름의 특별함을 느낄 수 있어요.

5월 열매를 찾아보세요

나뭇가지 사이에 초록빛 동그란 방울들이 보일 거예요. 측백나무 열매예요. 울퉁불퉁한 데다 군데군데 뾰족하게 튀어나온 모습이 재밌게 느껴지기도 해요. 작고 귀여워서 측백나무 앞에 서면 자꾸 찾게 된답니다.

10월 열매 속 씨앗을 살펴보세요

초록 열매는 점점 딱딱해지면서 갈색으로 변해가요. 여느 열매와 같이 껍질이 갈라지고 벌어지면서 씨앗을 밖으로 내보내지요. 십자 모양으로 벌어진 열매가 있다면 그 안에서 씨앗을 찾아보세요. 측백나무 씨앗은 단단한 촉감을 느낄 수 있어요.

"나는 쥐똥나무입니다."

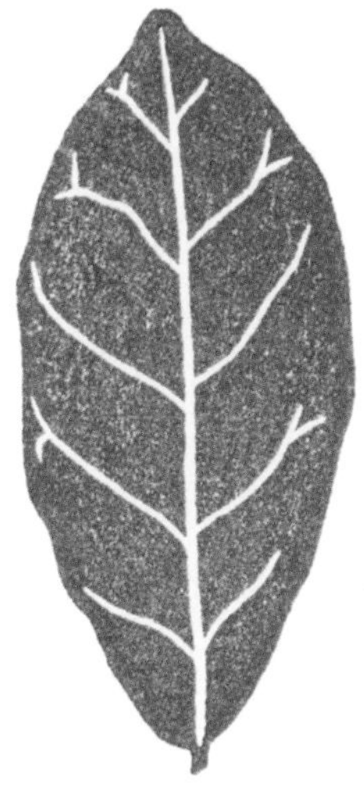

쥐똥나무는 도심 공원이나 도로변, 학교 등에 울타리로 많이 심어 제법 흔히 볼 수 있어요. 아무리 잘라도 새순이 계속 나서 나무 전체가 잎으로 둘러싸여 있지요. 키가 2~4m 정도 되어서 가지를 쳐서 모양을 잡으면 멋진 울타리로 손색이 없답니다. 열매가 쥐똥을 닮았다고 해서 쥐똥나무라 이름 지었는데, 봄에 피는 흰 꽃과 짙은 초록빛 잎들을 보고 있으면 너무 아름다워 그런 이름을 붙인 게 살짝 미안해지기도 해요.

가지 끝에 새하얗고 작은 꽃들이 모여 피어요. 꽃은 기다란 종 모양으로 꽃잎이 네 장씩 갈라져 있어요. 작은 꽃이지만 향기가 무척 진하답니다.

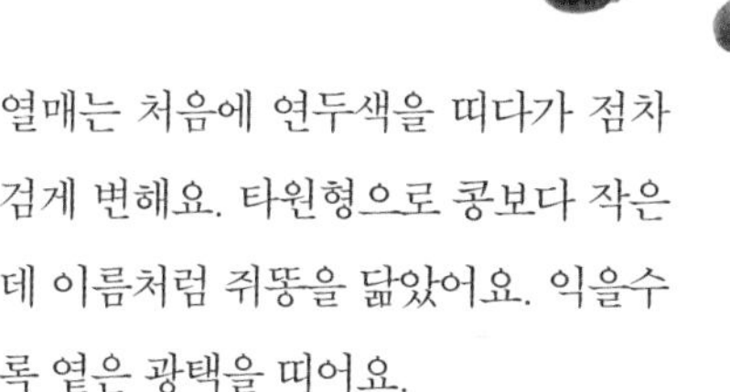

열매는 처음에 연두색을 띠다가 점차 검게 변해요. 타원형으로 콩보다 작은데 이름처럼 쥐똥을 닮았어요. 익을수록 옅은 광택을 띠어요.

잎은 가지를 중심으로 양쪽으로 마주 달려요. 가장자리는 톱니 없이 매끈하고 끝이 둥글어요.

내 주변에서 만난 쥐똥나무와 친해지기

6월 꽃의 향기를 맡아보세요

무성하게 자란 나뭇잎들 사이로 작고 하얀 꽃들이 모여 피어나요. 초록빛 잎을 배경으로 핀 순백의 꽃들은 무척 화사하지요. 작은 꽃의 모습이 궁금해 가까이 다가가보면 꽃을 자세히 보기도 전에 짙은 꽃향기를 맡을 수 있어요. 작은 꽃에서 그토록 진한 향기가 뿜어 나온다는 게 그저 신기할 따름이지요. 초록 울타리를 지나며 향기로운 꽃향기를 맡았다면 쥐똥나무인지 확인해보세요.

9월 작은 열매를 찾아보세요

꽃이 진 후 수정된 꽃자리에 열매가 맺혀요. 연한 녹색 열매들은 꽃이 그랬던 것처럼 송이를 이루고 있어요. 가지 끝에 달린 연둣빛 열매들이 검게 변해가는 모습이 궁금하다면 지나가는 길에 한 번씩 바라봐주세요.

11월 열매의 모습을 살펴보세요

완전히 익어 검게 변한 열매들이 나뭇가지 끝에 매달려 있어요. 이 무렵 잎은 노랗게 물들어 땅으로 떨어지지만 열매는 겨울까지 나뭇가지에 달려 있기도 해요. 이름 때문인지 검고 동그란 모양의 열매가 정말 쥐똥처럼 보여요. 하지만 노랗게 바래가는 나뭇잎과 검은 열매가 보여주는 풍경은 이름과 상관없이 그저 아름답지요.

"나는 백합나무입니다."

백합나무는 키가 크고, 튤립 같은 꽃이 달려 '튤립나무'라고도 불려요. 건조한 공기나 공해에 강해 도심에서도 잘 자라는 데다 나무 모양이 예뻐 가로수나 공원수로 많이 심어요. 꽃은 늦은 봄에 피는데 튤립을 닮아 정말 화려해요. 하지만 높은 나무에 피는 탓에 올려다보지 않으면 놓치고 말지요. 북아메리카 원산으로 추위에 강해 우리나라 전역에 심을 수 있어요.

4월이 되면 겨울눈이 벌어지면서 어린잎이 나와요. 작지만 백합나무 잎의 모습을 그대로 하고 있어요.

꽃은 튤립을 닮았어요. 어린아이 주먹만 하고 연녹색 빛을 띠지요. 꽃잎은 여섯 장인데 벌어지지 않고 위로 향해 있고, 끝이 살짝 바깥으로 말려 있어요. 꽃잎 밑동에 있는 주홍색 반점이 화려함을 더하지요.

잎은 광택을 띤 연녹색이에요. 네 갈래로 갈라지고, 잎 끝이 편평한 것이 특징이죠. 가을이면 잎은 노란빛으로 물들어요. 이파리와 가지를 잇는 잎자루가 길어요.

열매는 원뿔 모양이에요. 여러 조각이 빽빽이 모여 한 덩어리를 이루고 있어요. 처음엔 연두색을 띠다가 점점 갈색으로 변하면서 조각들이 벌어져요.

내 주변에서 만난 백합나무와 친해지기

4월 새순을 만나보세요

봄꽃들이 한창일 때 백합나무는 느지막이 잎을 틔워요. 가지 끝에서 한껏 부풀어 오른 겨울눈이 벌어지고 작은 잎들이 하늘을 향해 나오는 순간을 함께해보세요.

6월 꽃을 찾아보세요

백합나무 꽃은 높은 나무 위에 군데군데 피는 데다 하늘을 향해 있어 고개를 젖혀 나무 사이를 보지 않으면 놓치기 쉬워요. 꽃 전체의 모습을 보기가 어려워서 옆모습만 보며 그 아름다움을 상상해야 해요. 가장 낮게 드리운 나뭇가지에서 꽃을 만나는 행운이 오기도 하니 나무 구석구석 잘 살펴보세요.

10월 열매를 만나보세요

하늘을 향한 열매의 모습은 마치 작은 꽃 같아요. 열매는 목질의 조각들로 겹겹이 싸여 있는데, 손으로 만지면 떨어져나가요. 열매는 여간해서 땅에 떨어지지 않아서 가까이 보기가 쉽지 않아요. 그러니 고개를 들어 나뭇잎 사이로 보이는 열매를 찾아보세요.

12월 가지에 남은 것들을 만나보세요

열매는 작은 조각들이 하나둘 떨어져나갈 뿐, 열매가 통째로 떨어지는 일은 드물어요. 열매 그대로 남거나, 혹 조각들이 모두 떨어졌다면 그 자리에 뾰족한 가시 모양의 열매대가 남지요. 덕분에 겨울날 앙상한 나뭇가지 끝에 그대로 매달려 있는 열매를 보고 다른 나무들 사이에서 백합나무를 쉽게 찾아낼 수 있답니다.

"나는 자귀나무입니다."

보슬보슬한 분홍빛 실을 매단 듯한 나무를 본 적이 있나요? 가지마다 신비로운 모양의 꽃을 피우는 이 나무는 자귀나무예요. 꽃과 잎이 아름다워서 공원이나 길가에 관상수로 많이 심지요. 이국적인 느낌을 주어서 외국에서 들어온 나무가 아닐까 의심하게 되지만 우리나라 자생종이랍니다. 가지는 위보다는 옆으로 퍼지는데, 가지에 빼곡히 붙은 작은 잎들은 밤이면 마주 보고 있는 두 잎을 하나로 포개는 습성이 있어요. 그래서 자귀나무를 신혼집 창가에 심어 부부 금실이 좋기를 기원했다고 해요.

6~7월경, 분홍빛 꽃이 가지 끝에 모여 피어나요. 꽃잎 없이 수술만 스무 개 이상 매달려 술이 늘어진 듯한 모습이에요. 수술의 윗부분은 분홍색이고, 아랫부분은 흰색이에요.

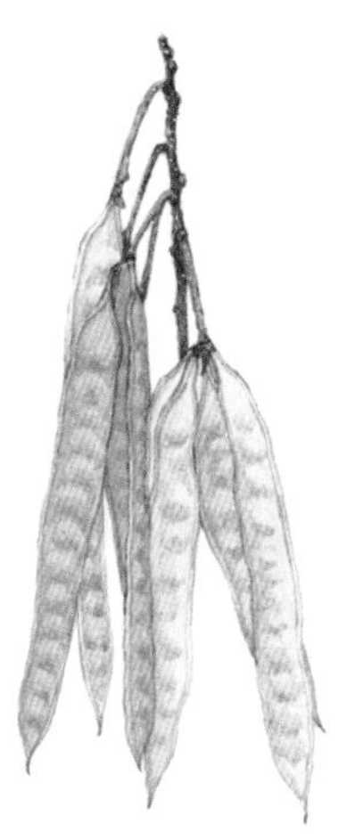

자귀나무는 콩과로 열매가 꼬투리 모양이에요. 연녹색이던 열매는 점차 갈색으로 변해 겨울까지 매달려 있어요.

작은 잎들이 서로 마주보고 붙는 형태의 잎을 '깃꼴겹잎'이라고 하는데요. 자귀나무의 잎은 깃꼴겹잎이 두 번 반복된 형태의 '2회깃꼴겹잎'이에요. 저녁이 되면 마주보고 있는 잎끼리 서로 포개진답니다.

내 주변에서 만난 자귀나무와 친해지기

6월 꽃을 관찰해보세요

일반적인 꽃과 달리 꽃잎 없이 분홍색 술이 하나로 묶여 이리저리 흔들리는 모습이 매력적이에요. 윗부분은 분홍빛이다가 수채 물감이 번지듯 아래로 갈수록 흰빛으로 변해 화려하기까지 해요. 손으로 만져 촉감도 느껴보고 꽃술의 색도 살펴보세요.

7월 독특한 습성의 잎을 관찰해보세요

자귀나무는 작은 잎들이 마주 붙어 하나의 잎줄기를 이루고, 그 잎줄기들이 다시 양쪽으로 마주나 큰 잎줄기를 만들어요. 마주난 작은 잎들은 신기하게도 저녁이면 서로 포개져 하나가 되는 습성을 갖고 있지요. 잎이 포개진 모습을 보고 싶다면 어둑어둑한 저녁에 자귀나무 아래로 향해보세요.

9월 열매를 찾아보세요

콩과 식물답게 꼬투리 모양의 열매가 가지마다 달랑거리며 매달려요. 연둣빛 긴 꼬투리들은 조금씩 바래가는 자귀나무 잎들과 대비되어 더욱 싱그럽지요. 꼬투리 속에 어떤 모양의 씨가 커가고 있는지 호기심도 일어요.

12월 남아 있는 열매를 만나보세요

잎이 모두 떨어지고 나면 앙상한 가지에는 바짝 마른 갈색 열매만 남아요. 열매가 바람에 흔들리다 서로 부딪혀 사락거리는데, 그 소리가 여자들의 시끄러운 수다처럼 들려 자귀나무를 '여설목(女舌木)'이라 했대요. 얼마나 시끄러워 그렇게 불렀는지 궁금하다면 자귀나무 아래에 서서 그 소리를 한번 들어보세요.

"나는 모감주나무입니다."

대부분의 봄꽃이 지고 나면 여름의 도시는 초록빛 일색이에요. 봄에 비해 꽃이 귀한 여름 동안 화려한 노란 꽃을 피우는 나무가 바로 모감주나무랍니다. 모감주나무의 영어 이름은 'Golden rain tree'인데, 우리말로 풀면 '황금비나무'쯤 될까요? 이름에서 알 수 있듯, 모감주나무는 눈부시게 노란 꽃이 특징이에요. 본래 척박한 땅에서 나고 자라 물이 부족한 도심에서도 잘 자라요. 우리나라뿐 아니라 전 세계적으로 사랑받는 조경수랍니다.

모감주나무 꽃은 나뭇가지 끝에 촘촘히 무리 지어 달려 나무 전체를 뒤덮어요. 꽃잎은 네 장인데, 모두 위쪽으로 달려 있어 아래쪽에는 마치 꽃잎이 떨어져버린 것 같아요. 가운데에는 한 개의 암술과 여덟 개의 수술이 있어요.

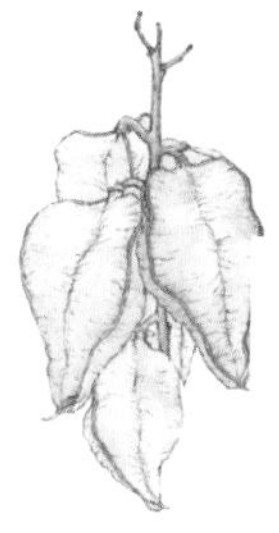

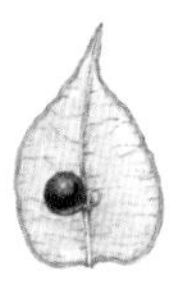

열매는 꽈리처럼 생겼어요. 초록빛이다가 점차 익으면서 갈색이 돼요. 열매가 익어서 세 갈래로 갈라지면, 안에 있던 검고 단단한 씨앗이 밖으로 드러나요. 씨앗은 세 갈래로 나뉜 칸마다 한 개씩 모두 세 개가 들어 있어요. 검게 익은 씨앗은 무척 단단하고 광택이 나요.

하나의 잎은 일곱에서 많게는 열다섯 장의 작은 잎으로 이루어지는데, 이 작은 잎들은 새의 깃털처럼 양쪽으로 마주나요. 잎은 가을에 노란빛으로 물들어요.

내 주변에서 만난 모감주나무와 친해지기

4월 새로 돋는 잎을 찾아보세요

돋아나는 새순들은 비록 크기는 작지만 성숙한 잎의 모습을 그대로 담고 있어요. 신기하게도 붉은빛을 띠는데, 커가면서 점차 초록빛으로 변해요.

6, 7월 노란 꽃의 모습을 관찰해보세요

나뭇잎 사이로 솟아오른 긴 꽃대에 자잘한 꽃들이 촘촘히 달려 전체적으로 원뿔 모양을 만들어요. 작은 꽃의 밑동에는 주홍빛 무늬가 있어 화려함을 더하지요. 나무를 온통 뒤덮은 황금빛 꽃들에 좀 더 가까이 다가가 관찰해보세요.

8월 열매를 찾아보세요

꽃이 지고 나면 그 자리에 열매가 태어나요. 모감주나무의 열매는 세모난 꽈리를 닮았어요. 꽃이 촘촘히 달렸던 가지에 꽈리 모양의 열매들이 주렁주렁 매달린 모습은 보기만 해도 탐스러워요. 어린 열매는 싱그러운 초록빛을 띠다가 점차 갈색으로 변해가요. 열매 속 씨앗 또한 초록빛을 띠다가 검게 익어가지요.

10월 잎과 열매의 변화를 살펴보세요

가을이 되면 잎은 점차 노란빛으로 물들어요. 그 사이에 매달린 열매는 어느새 짙은 황갈색으로 변해 세 갈래로 갈라져 있지요. 덕분에 궁금했던 열매 속의 씨앗을 만나볼 수 있어요. 초록빛을 띠던 씨앗은 익으면서 점점 검게 변하는데 어찌나 단단한지 손톱도 들어가지 않아요. 절에서 씨앗들을 염주로 만들어 써서 '염주나무'라고도 불렀어요.

"나는 느티나무입니다."

시골 마을에서 사람들이 모이는 곳엔 느티나무가 서 있어요. 사람들이 모여 함께 놀거나 쉬는 정자나무로, 사람들의 모든 이야기를 품으며 마을의 역사와 함께한 나무이지요. 느티나무는 도시에서도 쉽게 만날 수 있어요. 꽃과 열매는 언제 왔다 사라졌는지 모를 만큼 작고 수수해요. 하지만 빽빽한 잎들이 만드는 푸르른 녹음은 뜨거운 도시의 햇빛을 피하기에 더할 나위 없이 좋아서 가로수나 공원수로 많은 사랑을 받고 있어요. 전체적으로 둥근 나무 모양에 작은 잎들이 가지 가득 달려 있다면 느티나무가 아닐까 추측해도 좋아요. 잎의 모양을 안다면 좀 더 쉽게 알아볼 수 있지요.

겨울눈은 뾰족한 원뿔 모양이다가 점점 부풀어 올라요. 겹겹이 싸여 있던 껍질들이 벌어지면서 잎이 나오지요.

꽃은 잎이 붙은 가지 틈(잎겨드랑이)에 피는데 잘 보이지 않아요. 크기도 작은 데다 연두색이어서 꽃을 찾기가 쉽지 않지요. 암꽃은 가지의 윗부분에, 수꽃은 가지의 아래쪽에 피어요.

열매는 8월부터 달리기 시작해요. 작은 콩알만 한데 찌그러진 공 모양을 하고 있어요.

잎은 나뭇가지마다 빼곡히 달려요. 잎자루가 짧아서 나뭇가지에 다닥다닥 붙어 있는 것처럼 보이지요. 잎은 긴 모양으로 끝이 뾰족하고 가장자리에는 톱니가 있어요.

내 주변에서 만난 느티나무와 친해지기

5월 꽃을 찾아보세요

느티나무는 대체로 키가 커서 나뭇잎 사이에 핀 작은 연두색 꽃을 보기가 쉽지 않아요. 나무 아래 서서 나뭇가지를 가만 올려다보면 나뭇잎이 달린 사이마다 작고 동그란 무언가가 매달린 것이 보이는데 그것이 바로 느티나무 꽃이에요. 느티나무는 암꽃과 수꽃이 하나의 나무에 피는 암수한그루로, 가지의 위쪽 잎겨드랑이에는 암꽃이, 가지의 아래쪽 잎겨드랑이에는 수꽃이 핀답니다. 자세히 관찰해보면 모양이 서로 다르다는 것을 알 수 있어요.

8월 열매를 찾아보세요

나뭇잎 사이사이에 작고 동그란 열매가 달려요. 하지만 4mm 정도로 작은 데다 초록빛이어서 여름내 커진 잎들 사이에 숨어 있는 열매를 찾기는 쉽지 않아요. 울퉁불퉁하고 일그러진 모습이 어딘가 부족해 보이지만 그 속에 작은 씨앗도 하나 품고 있답니다.

12월 잎이 모두 떨어진 나무의 모습을 바라보세요

잎이 모두 떨어진 겨울의 느티나무를 보면 나뭇가지가 어떤 방식으로 갈라져 나가는지, 전체적인 나무의 형태는 다른 나무들과 어떻게 다른지 쉽게 파악할 수 있어요. 느티나무는 연이어 잔가지를 쳐서 공간을 빽빽하게 채워나가요. 위와 옆으로 고르게 가지를 벌려 전체적으로 둥근 모습이랍니다.

"나는 회화나무입니다."

무더위가 한창인 여름, 흰 꽃이 가득 피어난 나무를 본 적이 있나요? 은행나무, 느티나무와 함께 우리나라 거목 중 하나인 회화나무는 빨리 자라고 공해에 강해서 가로수나 공원수로 많이 심어요. 수려한 모양, 나비 모양의 꽃, 구슬을 꿴 듯 올록볼록한 열매가 모두 회화나무의 특징입니다. 화려함보다는 조용한 아름다움을 지닌 회화나무는 약재나 염료로도 사용된답니다.

꽃은 나비 모양으로 흰 바탕에 노란 무늬가 있어요. 꽃잎 속에는 암술과 수술이 숨어 있지요. 꽃대마다 꽃이 풍성하게 피어 원뿔 모양을 이뤄요.

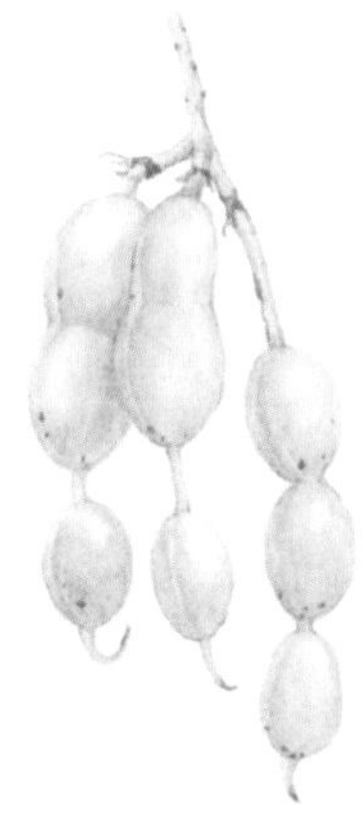

콩과에 속하는 회화나무는 꼬투리 모양의 열매를 맺어요. 동글동글한 구슬을 길게 꿴 듯한 모습이 독특하지요.

씨는 흑갈색의 둥근 콩처럼
생겼어요.

작은 잎이 일곱 장에서 많게는 열일곱 장까지 가지에 마주 나요. 잎은 길쭉한 모양이고 가장자리는 톱니 없이 매끈하지요.

내 주변에서 만난 회화나무와 친해지기

7월 꽃을 찾아 관찰해보세요

꽃을 피우는 나무가 드문 한여름 무더위 속에서 회화나무는 황백색 꽃을 흐드러지게 피워내요. 꽃이 별로 없는 시기인 만큼 꿀을 따는 벌들에게는 아주 고마운 나무이지요. 키가 커서 만개한 꽃을 자칫 못 보고 지나칠 수 있으니 고개를 들어 나무를 바라보는 시간을 가져보세요.

9월 열매를 찾아보세요

초록 잎이 가득한 나뭇가지 끝에 연둣빛 꼬투리 모양의 열매가 주렁주렁 달려요. 통통한 꼬투리 안에 무엇이 들어 있을지 호기심을 불러일으키지요. 올록볼록한 열매를 살짝 만져도 보고 생김새도 관찰해보세요. 열매가 노랗게 익기를 기다리면서요.

11월 단풍을 즐겨보세요

회화나무의 단풍은 은행나무만큼 화려하지는 않지만 제법 화사한 노란빛을 띠어요. 한여름에 황백색 꽃을 보고 주변에서 회화나무를 발견했다면 익어가는 열매와 단풍도 지켜보세요. 이제 열매가 노랗게 익어 궁금했던 씨도 만나볼 수 있어요.

"나는 양버즘나무입니다."

우리나라에서 가로수로 가장 많이 심은 나무는 무엇일까요? 공해에 강하고 오염 물질을 흡수하는 능력이 뛰어나 우리나라뿐 아니라 전 세계 가로수로 사랑받는 양버즘나무랍니다. 나무껍질이 계속 벗겨져나가 얼룩덜룩한 모습이 버짐 핀 것 같다고 하여 붙은 우리말 이름이에요. 흔히 '플라타너스'라고 불리죠. 나무껍질 외에도 크고 넓적한 잎과 방울같이 매달리는 열매가 인상적이에요. 양버즘나무는 30m까지 자라는 큰 나무예요. 하지만 도시에서는 크고 멋지게 자란 모습을 보기가 어려워요. 안타깝게도 가지가 잘려나간 앙상한 모습이 우리에겐 더 익숙하지요.

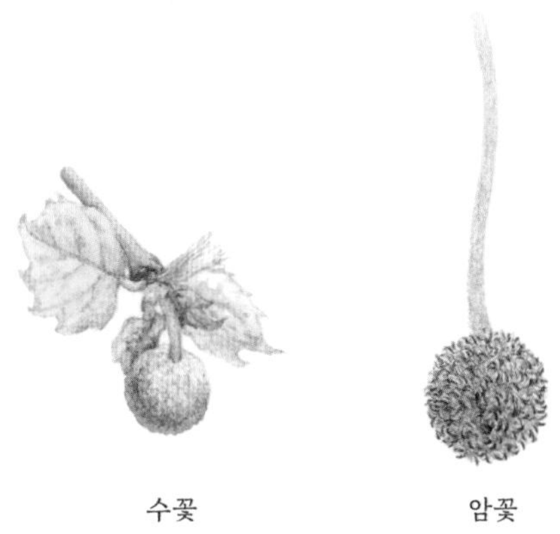

수꽃　　　　암꽃

꽃은 잎과 함께 피어요. 한 나무에 수꽃과 암꽃이 피는데, 수꽃은 가지 옆(잎겨드랑이)에, 암꽃은 가지 끝에 달려요. 둘 다 동그란 방울 모양을 하고 있어요.

열매도 둥근 방울 모양이에요. 단단하던 열매는 표면을 싸고 있는 씨앗이 익으면서 조금씩 물렁해져요. 그러다가 어느 순간 씨앗이 완전히 여물면 열매가 부서지면서 씨앗이 떨어져나가요.

잎은 넓적하고, 주된 잎맥이 셋 내지 다섯 갈래로 갈라져 손바닥을 쫙 펼친 것 같아요. 어린잎은 양면에 털이 나 있고, 잎자루 바로 밑에는 턱잎(눈이나 잎이 어릴 때 이를 보호하는 작은 잎)이 가지를 감싸고 있어요. 가을이면 황갈색으로 물들어 떨어져요.

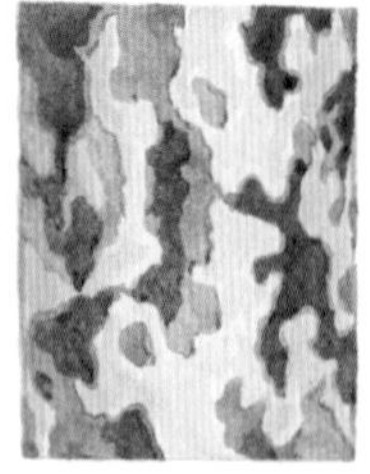

두꺼운 겉껍질이 벗겨지면 얇은 속껍질마저 벗겨져 흰 속내가 보여요. 어디는 겉껍질이 남아 있고, 어디는 속껍질이 보이고, 또 어디는 껍질이 다 벗겨져 흰 속이 보여 전체적으로 얼룩덜룩해 보이는 거랍니다.

내 주변에서 만난 양버즘나무와 친해지기

4월 새로 돋아나는 잎과 꽃을 찾아보세요

나뭇가지 마디마다 솜털로 덮여 보송한 잎이 돋아나요. 잎 주변에 작고 동그란 것이 보인다면 그게 바로 꽃이에요. 양버즘나무는 암꽃과 수꽃이 한 나무에 피는데 수꽃은 잎겨드랑이에, 암꽃은 가지 끝에 달려요. 암꽃은 긴 자루에 매달려 있어 열매처럼 보이지요.

7월 열매를 찾아보세요

제법 커진 나뭇잎 사이에 초록색 열매가 숨어 있어요. 열매는 나뭇잎과 함께 대부분 한 개씩 달리는데 표면은 짧은 털로 덮여 있어요. 여름에는 열매가 키 큰 나무에 매달려 있어 관찰하기가 좀처럼 쉽지 않으니 나무 아래에서 위를 올려다보며 동그란 열매의 실루엣을 찾아보세요.

11월 떨어지는 단풍잎을 주워보세요

가을을 지나며 나뭇잎은 노란빛이 돌다 점차 황갈색으로 변해요. 갈색빛으로 물들어가는 커다란 잎들이 바람에 날려 발밑에 떨어지면 그제야 그 큼직한 잎의 크기가 실감이 나죠. 색이 바래가는 잎을 주워 크기와 표면의 질감을 느껴보세요.

12월 떨어진 열매를 찾아보세요

열매는 겨우내 나뭇가지에 매달려 있어서 가을이 지나도 좀처럼 떨어진 열매를 찾기란 쉽지 않아요. 간혹 떨어지는 건 대부분 완전히 익은 것들이어서 손으로 만지면 쉽게 부서져버려요. 이때 열매에서 부서져 나온 조각들이 바로 씨앗인데, 긴 털이 달려 있어 바람을 타고 잘 날아간답니다.

"나는 무궁화입니다."

우리나라를 상징하는 무궁화는 한창 무더운 여름에 꽃을 피우는 나무예요. 꽃이 드문 시기에 피어 더욱 반갑지요. 촘촘히 심어 울타리로 이용하기도 하고, 공원수나 정원수로도 쉽게 만나볼 수 있어요. 길게 뻗은 가지에 꽃들이 무성히 달리는데, 꽃들의 수명은 신기하게도 단 하루예요. 아침에 피어난 꽃은 저녁이면 잎을 돌돌 말아 땅으로 떨어져버리지요. 그렇게 피고 지기를 반복하며 여름내 무성한 꽃을 보여주니 무궁화의 생명력이 얼마나 강한지 짐작할 수 있겠지요? 무궁화(無窮花)의 뜻도 '끝없이 계속 피는 꽃'이라고 해요.

꽃은 잎과 가지 사이에서 한 송이씩 피어요. 돌돌 말았던 꽃잎을 활짝 펼치지요. 꽃잎은 다섯 장이에요. 종류에 따라 연분홍색, 분홍색, 다홍색, 흰색 등 색이 다양하고, 밑동에 붉은 무늬가 있어요. 커다란 암술 기둥에 수술이 촘촘히 붙어 있어요.

아침에 핀 꽃은 저녁이면 피기 전의 모습처럼 꽃잎을 돌돌 말아 땅에 떨어져요.

열매는 꽃받침에 싸여 있는데, 익으면서 조금씩 벌어져요. 열매 속에는 긴 털이 난 갈색 씨가 촘촘히 들어 있어요.

나뭇잎은 가지에 어긋하게 달리는데, 길쭉하고, 세 갈래로 갈라져 있어요. 끝이 뾰족하고 가장자리에 드문드문 톱니가 있지요.

내 주변에서 만난 무궁화와 친해지기

8월 꽃을 관찰해보세요

무더운 여름, 무궁화는 나무 가득 꽃을 피워요. 나무의 키가 그리 크지 않아 가지에 달린 꽃들을 가까이서 관찰할 수 있지요. 꽃이 아침에 피어 저녁에 져버린다는 사실을 알고 나면 하루의 수명을 가진 꽃들을 보는 마음이 왠지 편치 않아요. 하지만 그렇기 때문에 시든 꽃 없이 언제나 만발한 꽃들을 볼 수 있지요. 활짝 피어난 꽃뿐만 아니라 나무 아래 돌돌 말려 떨어진 꽃송이도 찾아 관찰해보세요.

9월 열매를 찾아보세요

꽃이 지고 나면 잎자루와 가지 사이에 열매들이 맺혀요. 열매는 타원형이고 황색을 띠지요. 다섯 갈래로 갈라져 벌어진 열매 안을 살펴보세요. 열매 속에 가득 들어 있는 씨를 볼 수 있어요. 씨는 털이 달려 보송보송하지요.

12월 겨울나무의 모습을 살펴보세요

낙엽이 지고 앙상한 가지만 남은 나무에는 가을에 맺힌 열매만 덩그러니 남아 있어요. 열매 속에 있던 씨들은 모두 바람에 날아가 빈 껍질뿐이지요. 앙상한 모습이지만 그것이 무궁화의 겨울 풍경이에요. 마른 열매껍질을 하나 떼어 다섯 갈래로 갈라진 열매의 구조를 살펴보고 그 바스락거림도 느껴보세요. 지난여름 꽃들이 남긴 흔적이랍니다.

"나는 메타세쿼이아입니다."

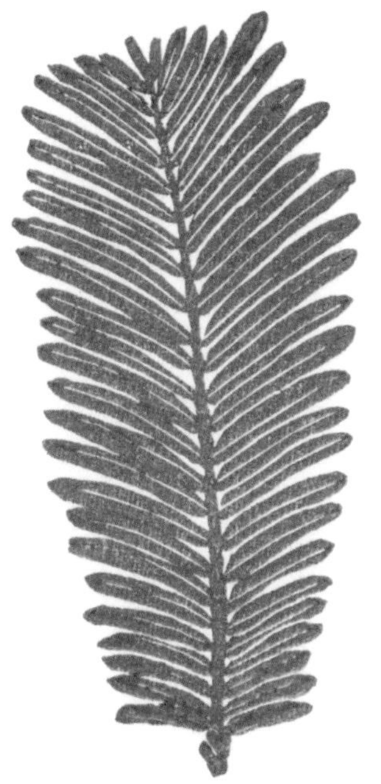

하늘 위로 뾰족이 솟은 메타세쿼이아는 공룡시대부터 이 땅에 살았어요. 그래서 살아 있는 '화석식물'이라 불러요. 지금까지 생존해온 메타세쿼이아의 생명력에 감탄하지 않을 수 없답니다. 키가 20m 넘게 자라 나무줄기를 중심으로 긴 이등변삼각형을 이루고, 자잘한 바늘잎이 무성히 달려 있어 전체적으로 부드러운 느낌을 주어요. 가을이 되면 갈색빛으로 변하는 단풍뿐 아니라 곧게 뻗어 자라는 나무 모양이 무척 아름다워서 가로수나 공원수로 쉽게 만나볼 수 있지요.

이른 봄, 가지마다 둥근 수꽃눈(수꽃이 피는 꽃눈)을 찾아볼 수 있어요. 3월이 되면서 수꽃눈에서 연한 황갈색 꽃이 피어나지요.

가지 중간 중간에 초록빛 동그란 열매가 매달려요. 손가락 한 마디 정도의 크기로 익을수록 점점 갈색으로 변하고 가로로 결이 갈라져요.

잎눈은 가지 양쪽으로 나란히 마주 달려 있어요. 봄이 되면 잎눈이 벌어지며 새잎이 나와요. 잎은 위로 오므리고 있다가 활짝 펼쳐지는데, 납작하고 끝이 둥근 바늘잎이 양쪽으로 달린 모습이 마치 새의 깃털 같아요. 잎은 가을이 되면 적갈색으로 단풍이 들며 떨어져요.

내 주변에서 만난 메타세쿼이아와 친해지기

4월 새잎을 만나보세요

새로 피어난 어린잎은 깃털처럼 부드러워요. 나뭇가지 끝마다 보드라운 바늘잎들이 오므렸던 몸을 활짝 펼치며 봄을 맞이하지요. 손에 닿는 작은 잎을 떼어 그 촉감을 느껴보세요.

6월 열매를 찾아보세요

나뭇잎 사이로 초록색의 동그란 것이 매달려 있다면 그게 바로 열매예요. 어른 손가락 한 마디 정도의 크기로 가지 끝에 하나씩 매달려 있지요. 가로로 골이 난 모습이 특징이에요.

8월 녹음을 즐겨보세요

위로 곧게 뻗은 나무줄기를 중심으로 양쪽으로 뻗어나간 가지들이 시원스러워 보여요. 바람에 한들거리는 바늘잎은 멀리서 보면 부드러운 솜털 같지요. 나뭇잎이 스치는 소리를 들으며 짙어가는 녹음을 즐겨보세요.

11월 열매와 단풍잎을 주워보세요

초록색 열매가 갈색으로 익으면서 가로로 난 골이 벌어져요. 그러다 기온이 더 내려가면 하나둘 땅으로 떨어지지요. 이때야말로 높이 달려 있어 보기 힘들었던 메타세쿼이아 열매를 가까이 만날 수 있는 기회예요. 짙푸르던 잎이 갈색으로 단풍이 들며 떨어지는 모습은 겨울이 오고 있음을 실감나게 해요. 하나둘 떨어지는 열매와 잎을 주워보세요. 열매는 꽤 오랫동안 함께할 수 있어요.

"나는 자작나무입니다."

'숲 속의 귀족' 또는 '숲의 여왕'이라 불리는 나무가 있어요. 눈부시게 하얀 수피와 바람에 반짝이며 나부끼는 세모난 초록 잎을 가진 나무, 바로 자작나무랍니다. 자작나무는 추운 겨울 숲을 좋아해서 주로 북쪽 지방에 분포하고, 남쪽에서는 자라지 않아요. 우리가 만나는 자작나무는 스스로 자라난 게 아니라 모두 심은 것들이지요. 자작나무의 하얀 수피는 불이 잘 붙어 불쏘시개로 사용되곤 했는데, 껍질이 타면서 '자작자작' 하는 소리를 내어 자작나무라는 이름이 붙었다고 해요.

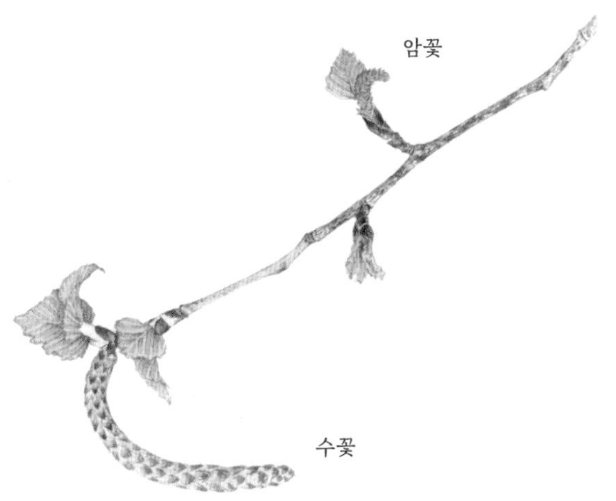

꽃은 잎과 함께 피어요. 자작나무는 암수한그루로 암꽃과 수꽃이 한 나무에 피는데, 눈에 띄게 길게 늘어진 연한 녹황색 이삭이 수꽃이에요. 암꽃은 수꽃보다 작아서 눈에 잘 띄지 않아요

잎은 서로 어긋나게 두 장씩 모여 달려요. 삼각형으로 끝은 뾰족하고 톱니가 불규칙하게 나 있어요. 이삭 모양의 암꽃은 열매로 변해가며 원통형이 돼요.

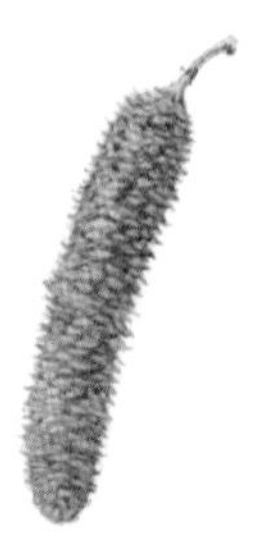

초록빛 통통한 열매는 늦여름을 지나면서 점차 갈색으로 변하는데 그 안에는 씨앗들이 켜켜이 포개어 있어요.

흰 수피는 종잇장처럼 얇아서 손으로 벗기면 가로결로 벗겨져요. 껍질은 기름기가 많고 습기에 강해요.

내 주변에서 만난 자작나무와 친해지기

4월 꽃을 찾아보세요

잎이 나오기 시작하면 나뭇가지 끝에 녹황색 수꽃이 두세 송이씩 늘어지듯 매달린 모습을 발견할 수 있어요. 그 주변에는 초록빛 암꽃도 함께 피어요. 암꽃은 수꽃보다 크기도 작고 초록색이어서 잘 안 보일지도 몰라요. 그럴 때는 잎 사이로 뭔가 뾰족이 올라온 것이 있는지 찾아보세요. 그것이 바로 암꽃이니까요. 수꽃이삭은 아래로 늘어지듯 피고, 암꽃이삭은 위를 향해요.

6월 열매를 찾아보세요

무성한 나뭇잎 사이로 연둣빛 열매를 볼 수 있어요. 열매는 수꽃이삭처럼 길쭉한데, 그보단 좀 짧고 통통해요. 원통 모양의 열매는 여름을 지나면서 조금씩 익어가요. 잎 사이에 매달린 싱그러운 열매를 찾아보세요.

10월 자작나무의 색을 느껴보세요

싱그럽던 나뭇잎은 가을이 되면서 노랗게 바랬고, 탐스럽던 연둣빛 열매도 여물어 갈색으로 변했어요. 여름날 보았던 자작나무의 모습은 완전히 사라졌지요. 자작나무는 전체적인 모습이 아름답고 흥미로운 나무예요. 그러니 전체를 감상하는 시간을 가져보는 것도 좋아요. 흰빛과 노란빛, 초록빛, 갈색빛의 조화는 오직 가을의 자작나무에서만 볼 수 있으니까요.

12월 겨울의 자작나무를 만나보세요

추위를 좋아하는 나무여서인지 자작나무는 겨울의 풍경과 무척 잘 어울려요. 한겨울 수피의 흰빛은 더욱 강렬하게 빛나죠. 아래로 늘어진 나뭇가지 끝을 살펴보세요. 열매들이 반쯤 떨어져나가거나 열매 기둥만 남은 채 겨울을 맞이하는 걸 볼 수 있어요.

"나는 담쟁이덩굴입니다."

한여름에는 싱그러운 초록 잎으로, 가을에는 붉게 물든 단풍잎으로 담장을 수놓는 나무가 있다면 바로 담쟁이덩굴이랍니다. 담쟁이덩굴은 줄기에 빨판처럼 다른 물체에 잘 달라붙는 원반 모양 뿌리인 흡착근(흡반)이 있어 건물 외벽이나 담, 도로의 비탈면 등 어디든 기어 올라갈 수 있어요. 건물 외벽을 덮은 담쟁이덩굴은 그 어떤 장식보다 건물을 멋지게 꾸밀 뿐 아니라 계절마다 다른 모습으로 자연의 변화도 느끼게 해주지요. 세 갈래로 갈라진 큰 잎과 보라색 열매, 빨갛게 물드는 단풍은 다른 덩굴나무와 구별되는 담쟁이덩굴만의 특징이에요.

6~7월 즈음, 가지 끝이나 잎겨드랑이에 자잘한 초록색 꽃이 펴요. 꽃잎은 다섯 장이에요. 암술과 수술이 한 꽃에 모두 자리하는데, 암술은 한 개이고, 수술은 다섯 개예요.

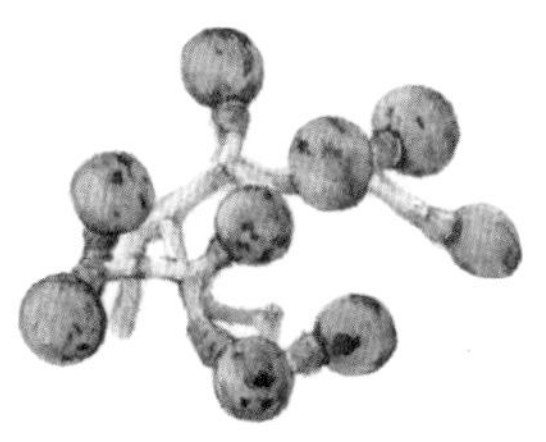

여름이 지나면서 꽃이 진 자리에 열매들이 생겨나요. 초록빛 동그란 열매들은 차츰 검은 보랏빛으로 변하며 익어가요.

담쟁이덩굴 잎은 세 갈래로 얕게 갈라지는 것이 보통이지만, 완전히 분리되기도 해요. 벽에 붙는 흡착근은 잎과 마주 달리는데, 끝부분이 동그랗게 부풀었다가 벽에 달라 붙으며 단단해져요.

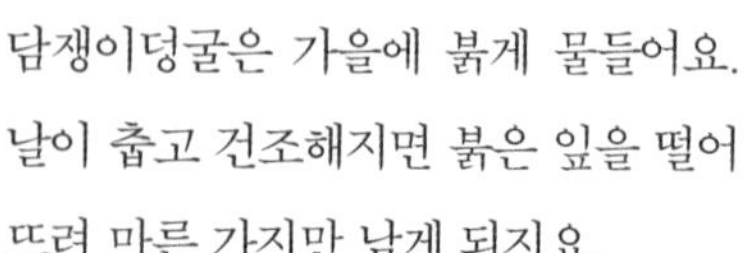

담쟁이덩굴은 가을에 붉게 물들어요. 날이 춥고 건조해지면 붉은 잎을 떨어뜨려 마른 가지만 남게 되지요.

내 주변에서 만난 담쟁이덩굴과 친해지기

5월 잎과 흡착근의 모습을 관찰해보세요

겨우내 앙상하던 마른 가지에서 어린잎이 하나둘 모습을 드러내요. 담쟁이덩굴 잎은 광택을 띠며 무성히 자라기 때문에 짙은 녹음을 느낄 수 있답니다. 잎과 마주 달린 흡착근의 모습은 무척 신기해요. 연둣빛 동그란 발이 가는 줄기 끝에 달려 디딜 곳을 찾는 것 같아요. 주변에서 담쟁이를 만나면 그냥 지나치지 말고 신기한 흡착근을 꼭 찾아보세요.

7월 꽃을 찾아보세요

담쟁이 꽃은 작고 초록색인 데다 잎 사이에 숨어 있어서 쉽게 눈에 띄지 않아요. 가까이 다가가 가지 끝이나 잎겨드랑이를 살펴야 만날 수 있어요. 작은 꽃이 열리며 암술과 수술이 하늘로 향하는 모습을 한 번 보면 귀여워서 자꾸 찾아보게 될 거예요.

9월 열매를 찾아보세요

담쟁이덩굴 열매는 포도송이를 닮았어요. 초록빛의 단단한 모습이다가 점차 검은 보랏빛으로 익어가요. 손톱보다 작아서 귀여워요.

11월 단풍을 즐겨보세요

건물이나 담벼락 위에 물감을 풀듯 단풍잎으로 그림을 그려내는 풍경은 담쟁이덩굴만이 만들 수 있답니다. 담쟁이덩굴이 그려내는 붉은빛 그림을 감상하며 올가을 단풍의 아름다움을 즐겨보세요.

"나는 단풍나무입니다."

손바닥처럼 갈라진 잎 모양을 한 단풍나무는 '단풍'이라는 이름 그대로 가을의 단풍을 대표하는 나무에요. 봄과 여름에 꽃으로 존재감을 알리는 꽃나무들과는 달리 가을날 단풍으로 그 어떤 나무보다 화려하게 자신을 알리지요. 우리는 손바닥 모양의 나뭇잎이 붉게 물드는 나무를 흔히 '단풍나무'라고 통칭하는데, 단풍나무는 종류가 서른 가지도 넘는답니다. 종류마다 잎이 갈라진 모양이 조금씩 다르고, 프로펠러처럼 생긴 열매의 두 날개가 이루는 각도가 다르지만, 구별하기는 쉽지 않아요. 우리에게 가장 친숙한 단풍나무를 관찰하며 그와 다른 모습의 단풍나무 친구들에게도 조금씩 다가가보면 좋겠어요.

눈에서 잎이 돋을 때 꽃봉오리도 함께 나와요. 잎과 꽃받침은 보송한 솜털로 싸여 있어요.

손톱보다 작은 크기의 단풍나무 꽃은 붉은색의 꽃받침과 흰 꽃잎이 다섯 장씩 달려 있어요.

꽃이 지면 그 자리에 프로펠러처럼 생긴 열매가 만들어져요. 연둣빛이 돌던 열매는 점차 익으며 날개 부분이 붉게 변해가요.

잎은 가지에 두 장씩 마주나요. 한 장의 잎은 다섯에서 일곱 갈래로 갈라지고, 가장자리에는 톱니가 겹으로 나 있어요. 가을이면 화려한 붉은빛으로 물들어요.

내 주변에서 만난 단풍나무와 친해지기

4월 가지 끝에서 새순을 찾아보세요

활짝 핀 봄꽃들이 저마다 화사함을 뽐낼 즈음, 단풍나무는 느지막이 새순을 내밀어요. 새순에서는 잎과 꽃이 한꺼번에 터져 나오는데 보송한 솜털에 싸여 있어요. 동그란 꽃봉오리와 구겨진 어린잎은 봄이 무르익으면서 피어나지요.

5월 꽃을 관찰해보세요

나뭇잎 아래 작은 꽃들이 숨어 있어요. 멀리서는 꽃이 잘 보이지 않으니, 나무둥치 가까이 다가가 위를 올려다보아야 해요. 나뭇잎 사이로 아래를 향해 매달린 작은 꽃들을 발견하면, 붉은색 꽃받침과 흰 꽃잎, 끝이 고부라진 암술을 관찰해보세요.

6월 열매를 찾아보세요

꽃이 지면 암술머리(암술의 꼭대기에 있어 꽃가루를 받는 부분)가 발달하면서 열매가 생겨나요. 단풍나무의 열매는 양쪽으로 날개를 단 재미있는 모양을 하고 있어요. 날개 위에 자잘한 결이 있지요. 열매의 두 날개는 점점 붉게 변하고 마침내 씨를 퍼뜨리기 위해 빙글빙글 돌며 날아가요.

10월 단풍잎의 색을 즐겨보세요

매년 만나서 익숙한 단풍이지만 한 번쯤은 그 잎을 주워 자연이 만들어내는 붉은색을 음미하는 시간을 가져보세요. 완전히 붉게 물든 잎도 좋고, 초록빛이 아직 남아 붉은빛과 조화를 이루는 잎도 좋아요. 내가 좋아하는 색의 잎들을 모아 책 사이에 살며시 넣어두며 깊어가는 가을을 즐겨보세요.

"나는 은행나무입니다."

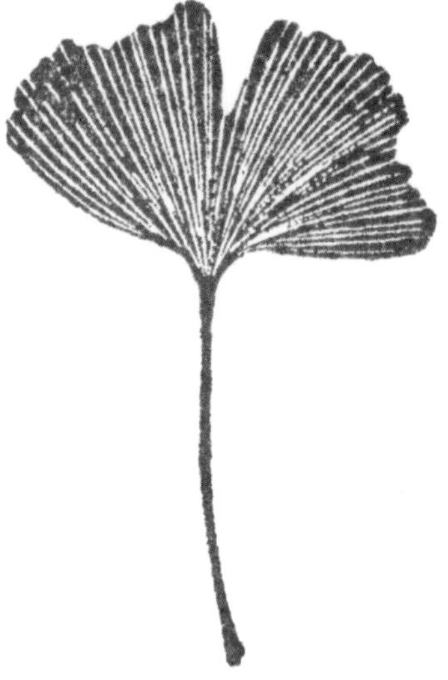

은행나무는 지구상에서 가장 오래된 나무이자, 화석으로도 발견되어 '살아 있는 화석나무'라고도 불린답니다. 게다가 오로지 1속, 1종으로 가까운 형제 하나 없이 혼자이지요. 그럼에도 전국 어디에서나 가로수로 쉽게 만날 수 있는데, 이는 벌레도 끼지 않고 오염에도 강하기 때문이에요. 60m까지 자라는 큰 나무로, 노랗게 물든 단풍잎과 은행을 보면 아무리 나무를 모르는 사람도 은행나무라는 것을 알 만큼 우리에겐 친숙하지요.

겨울눈 자리에 매해 잎이 떨어져나간 잎 자국이 주름처럼 켜켜이 쌓인 것을 볼 수 있어요. 봄이 되면 그 끝으로 작고 어린 새잎들이 한꺼번에 터져 나와요.

수꽃

은행나무는 암나무와 수나무로 나뉘어요. 수나무에 있는 수꽃은 잎과 함께 나와 이삭처럼 아래로 늘어지지요. 암나무에 있는 암꽃도 잎과 함께 나오는데 수꽃보다 작고 연두색을 띠어요.

암꽃

열매는 동그랗고 노란빛을 띠어요. 껍질 안쪽에 씨가 한 개씩 들어 있는데, 그것이 우리가 흔히 먹는 은행이에요. 은행은 딱딱한 껍질에 싸여 있고 안에 속씨가 있어요.

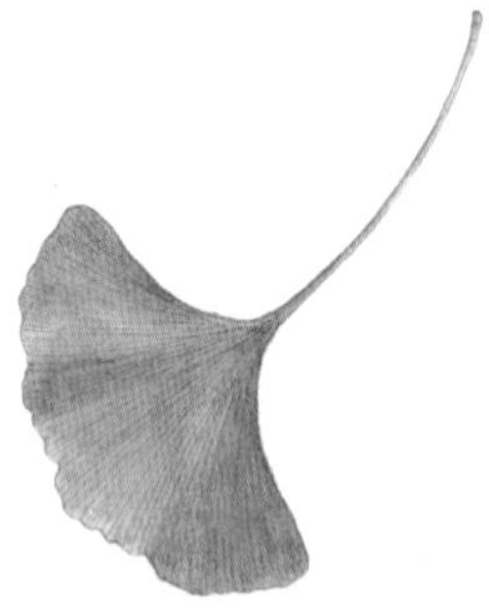

은행나무 잎은 큰 가지에서는 어긋나게 달리고, 작은 가지에서는 모여서 나요. 부채 모양으로 잎맥이 두 갈래로 갈라지는 특성이 있어요.

내 주변에서 만난 은행나무와 친해지기

4월 새순을 만나보세요

불룩하게 튀어나온 겨울눈은 마침내 은행나무 잎과 꼭 닮은 초록빛 어린잎을 틔워요. 암나무에선 잎과 함께 암꽃이, 수나무에선 잎과 함께 수꽃이 나와요. 좁은 겨울눈에서 빽빽하게 나온 잎과 꽃은 바깥으로 벌어지면서 조금씩 커져가요.

5월 꽃을 찾아보세요

암꽃은 작은 데다 연두색이어서 나뭇잎에 가려 잘 보이지 않지만, 수꽃은 가까이 다가가 바라보면 찾을 수 있어요. 아래로 늘어진 이삭이 보인다면 그게 바로 수꽃이지요. 수꽃은 비좁은 겨울눈에서 나뭇잎과 함께 나와 작은 알갱이를 달고 늘어져 꽃가루를 날려요.

10월 열매를 찾아보세요

가을이 되면 암나무에서는 동그랗고 노란 열매를 찾아볼 수 있어요. 나뭇잎과 함께 매달리는 열매가 바로 우리가 먹는 은행이에요. 열매 바깥껍질에 고약한 냄새를 풍기는 성분이 있어 도심 가로수로는 수나무를 선호하는 편이에요. 하지만 어려서는 나무의 암수를 구분할 방법이 없어 커서 열매를 맺을 때까지 기다려야 알 수 있어요. 이번 가을엔 내 주변에 있는 은행나무가 암나무인지 수나무인지 눈여겨 살펴보세요.

11월 단풍을 즐겨보세요

부채처럼 생긴 잎이 노랗게 물들어 햇빛에 비친 모습은 눈이 부실 만큼 아름다워요. 예쁜 모양의 단풍잎을 주워 책 사이에 끼우면 오래도록 단풍을 기억할 수 있답니다.

"나는 주목입니다."

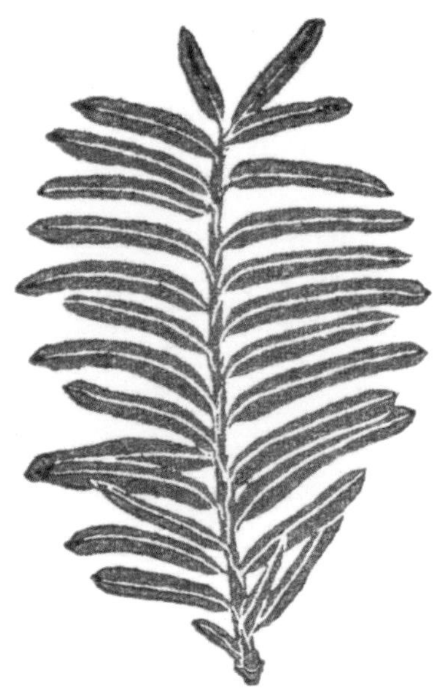

주목은 늘 푸른 침엽수예요. 가을이면 다홍빛 열매가 앵두처럼 매달려 아름다움을 더해요. 추위와 그늘을 좋아하는데, 줄기 겉과 안이 모두 붉은빛을 띠어서 주목(朱木: 붉은색 나무)이라는 이름이 붙었다고 해요. 더디게 자라는 편이지만 그만큼 수명이 긴 나무예요.

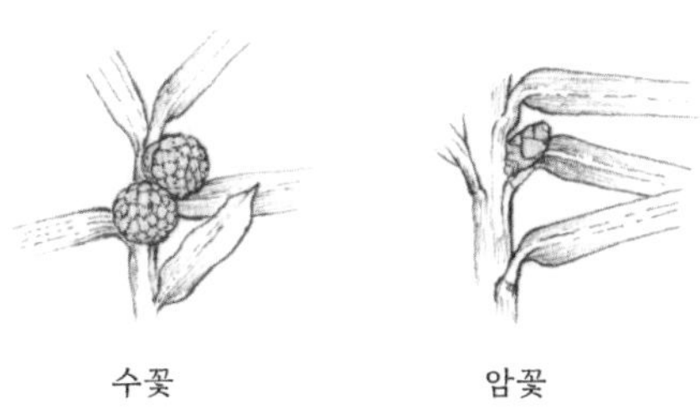

수꽃　　　　암꽃

주목은 암꽃과 수꽃이 각각 다른 그루에 피어나는 '암수딴그루'예요. 수꽃은 가지 끝이나 잎 사이에 피어요. 연황색 동그란 수술들이 뭉쳐 하나의 다발을 이루지요. 암꽃은 수꽃보다 작고, 잎겨드랑이에 피어요.

잎은 짙은 녹색으로 매끄럽고 광택이 나요. 앞면에 비해 뒷면은 색이 옅지요. 끝이 뾰족하며, 두 잎이 어긋나게 가지를 따라 나선 모양으로 달려요.

어린 열매의 씨앗은 처음엔 녹색이었다가 점차 갈색으로 익어가요. 이때 씨앗을 감싼 껍질이 둥글게 자라면서 붉게 변해요. 열매 가운데 부분에 구멍이 남아 있어 껍질 속의 씨앗이 바깥으로 드러나요.

내 주변에서 만난 주목과 친해지기

4월 꽃을 찾아보세요

특이하게도 주목 꽃에는 꽃잎이 없어요. 게다가 꽃의 크기도 작고 색도 화려하지 않아서 열매로 착각하기 일쑤죠. 연황색 수꽃은 가지 끝이나 잎 사이에 동그란 모양으로 달려요. 암꽃은 녹색으로 수꽃보다 더 작고 잎과 가지 사이에 달리고요. 꽃을 찾아서 내가 만난 주목이 암나무인지 수나무인지 구분해보는 것도 재미있을 거예요.

5월 잎의 변화를 관찰해보세요

꽃이 지고 나면 가지 끝마다 연둣빛 새순이 돋아나요. 연두색 새순은 짙은 녹색인 묵은 잎과는 달리 만져보았을 때 매우 보드라워요. 5월엔 진한 녹색과 싱그러운 연둣빛이 어우러져 그야말로 다채로운 초록을 한껏 즐길 수 있답니다.

7월 무성한 잎 사이에서 작고 둥근 열매를 찾아보세요

주목은 암수딴그루이니 암나무에서만 열매를 만날 수 있어요. 어린 열매는 초록빛이 돌고 씨앗이 드러나 있는데, 씨앗 아래를 둘러싼 껍질이 조금씩 발달하면서 씨를 감싸요. 껍질이 다 자라더라도 위가 뚫린 종지 모양이어서 씨앗이 살짝 보이지요. 다른 나무의 열매에서는 볼 수 없는 특이한 형태랍니다.

10월 초록빛 잎과 빨간 열매가 주는 색의 대비를 느껴보세요

손톱만 한 초록 열매는 어느새 붉게 변해 앵두처럼 통통한 모습을 하고 있어요. 꾹 누르면 터질 듯 연한 껍질 속에는 갈색으로 변해가는 씨앗이 들어 있지요. 초록빛 나무에 매달린 빨간 열매는 겨울이 오기도 전에 크리스마스 기분을 느끼게 해줄 거예요.

"나는 소나무입니다."

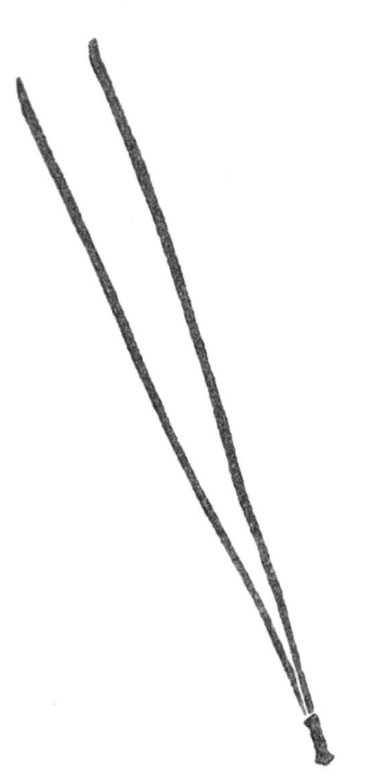

우리와 가장 친숙한 나무 중 하나인 소나무는 우리말로 '솔'이라고 하는데, 나무 중에 으뜸이라는 뜻을 갖고 있어요. 공원이나 큰 건물 주변에 빼놓지 않고 심을 정도로 우리나라 정원수로 가장 큰 사랑을 받고 있지요. 구불구불한 가지들에 달린 바늘잎은 사시사철 푸르러 한겨울에도 초록빛을 느끼게 해주어요. 우리나라와 일본에만 자생하는 나무로 한때는 어디서나 소나무를 만날 수 있었지만, 근래에는 재선충병이 번지면서 소나무가 말라 죽어 그 수가 점점 줄고 있는 상황이에요.

봄이면 가지 끝마다 노란 꽃이 피어요. 꽃 아랫부분엔 노란 꽃가루를 담은 수꽃이삭이, 윗부분에는 어린 솔방울 모양의 암꽃이삭이 자리 잡고 있지요. 바람이 불면 노란색 꽃가루(송홧가루)가 날려 퍼지는 것을 볼 수 있어요.

소나무가 완전히 여문 솔방울을 만드는 데는 2년이 걸려요. 봄에 수정이 되어 만들어진 작은 솔방울은 겨울을 지나 이듬해 봄이 되면서 크게 자라 초록빛의 탐스러운 솔방울이 되어요.

초록 솔방울은 여름을 지나면서 점차 갈색으로 변해가요. 완전히 익으면 열매 조각이 벌어지면서 그 사이에 들어 있던 씨앗이 떨어지게 돼요. 각각의 씨앗에는 얇은 날개가 달려 있어 바람을 타고 날아가요.

솔잎은 두 개의 긴 바늘잎이 하나로 묶여 있어요. 초록색이던 잎은 2~3년 정도 지나면 노랗게 변하며 떨어져요.

내 주변에서 만난 소나무와 친해지기

5월 꽃을 관찰해보세요

침엽수의 꽃은 크기가 작거나 눈에 잘 띄지 않아 사람들이 쉽게 지나쳐 버리곤 해요. 꽃이 화려하거나 예쁘지는 않지만, 꽃을 통해 식물들이 살아가는 방식을 이해할 수 있으니 그것만으로도 꽃을 관찰할 이유는 충분하지요. 봄이 되면 이삭같이 생긴 노란 수꽃이 가지에 촘촘히 매달려 꽃가루를 뿜어대는 걸 볼 수 있어요. 송홧가루를 잔뜩 머금은 노란 수꽃이삭과 꽃가지 끝에 매달린 붉은빛의 암꽃이삭을 찾아 관찰해보세요.

6월 초록빛 어린 솔방울을 찾아보세요

지난해 수정되어 생긴 작은 열매는 다음해 봄이 되어서야 조금씩 솔방울다운 모습을 갖추기 시작해요. 나뭇가지 끝에 매달린 초록빛의 솔방울들은 아직 표면이 갈라지지 않았을 거예요. 익을수록 갈색으로 변하며 점차 칸이 나뉘어져요.

10월 솔방울을 관찰해보세요

갈색의 목질로 변한 솔방울은 칸칸이 틈이 벌어져 있어요. 벌어진 틈새를 들여다보면 납작하게 생긴 씨앗을 발견할 수 있지요. 씨앗은 바람을 타고 잘 날아갈 수 있도록 날개가 달려 있답니다. 땅에 떨어진 솔방울을 발견한다면 주워서 그 틈새를 자세히 관찰해보세요.

12월 나무의 형태와 껍질을 관찰해보세요

구불구불하게 굽은 가지들과 세로로 갈라진 나무껍질은 소나무만의 특징이에요. 가까이 다가가 깊게 파인 소나무의 껍질을 손으로 만져보세요. 더불어 겨울 소나무의 초록빛도 느껴보세요.

"나는 사철나무입니다."

보통 '늘푸른나무'라고 하면 뾰족한 바늘잎을 가진 침엽수를 떠올리는데, 잎이 넓은 활엽수 중에도 겨울까지 푸른 잎을 달고 있는 나무가 있어요. 바로 사철 내내 푸르러서 '사철나무'라 불리는 나무이지요. 남쪽 지방뿐 아니라 강원도에서도 겨울을 끄떡없이 견뎌내는 사철나무는 가지가 둥글게 퍼지는데, 그 모습이 보기 좋아 건물 앞 정원수로 많이 심어요. 촘촘하게 심어 울타리를 만들기도 하고요. 가끔 잎 가장자리에 금테나 은테를 두른 것을 발견하게 되는데, 이는 원예종으로 개발된 품종이에요. 사철나무는 꽃말도 나무 이름을 닮아 '변함없다'라고 해요.

잎의 아래나 가지 끝에 자잘한 꽃들이 모여 피어요. 연둣빛 꽃은 암술 한 개와 수술 네 개를 달고 있어요.

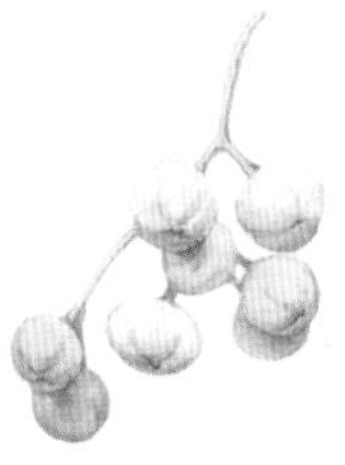

꽃자리에 열매들이 맺혀요. 둥근 모양으로 옹기종기 모여 달리죠. 점점 붉게 익어 껍질이 갈라져요.

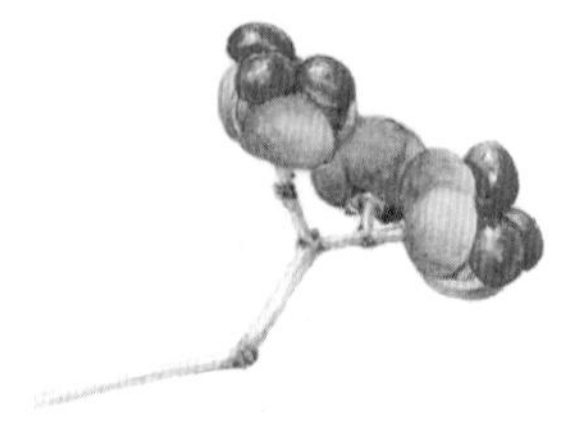

열매가 완전히 익으면 갈라지며 씨앗이 나와요. 씨앗은 짙은 주홍색으로 열매껍질에 매달려 있어요.

잎은 두껍고 질긴 편이에요. 진한 초록빛을 띠며 반질반질 윤이 나지요. 가장자리에 둔한 톱니가 있고, 가지에 두 장씩 마주 달려요.

내 주변에서 만난 사철나무와 친해지기

6월 꽃을 찾아보세요

푸른 잎 사이로 보이는 동그란 꽃봉오리에서 작은 꽃이 피어나요. 연두색과 노란색을 섞은 듯한 오묘한 색이죠. 작지만 암술과 수술을 모두 갖추고 있어요. 짙은 녹색 잎과 작은 연노랑빛의 꽃들이 이루는 색의 조화는 초여름의 싱그러움을 한층 더해줘요.

9월 열매를 찾아보세요

꽃들이 사라지는가 싶다가 어느 순간 바라보면 열매들이 매달려 있어요. 이제 갓 모양이 잡힌 연두색 열매는 콩알만 해요. 막 새순을 뚫고 나온 어린잎들처럼 어린 열매도 푸릇푸릇한 모습이에요.

11월 열매와 씨의 모습을 살펴보세요

열매들이 점차 붉게 변해가요. 완전히 익은 열매는 네 갈래로 갈라지면서 품고 있던 씨들을 밖으로 내보내요. 열매 하나에 주홍빛 씨가 하나에서 네 개 정도 들어 있어요. 반질반질 윤이 나는 씨앗들이 열매껍질에 붙어 떨어지지 않고 달랑달랑 매달린 모습이 재미있어요.

12월 겨울을 보내는 나무의 모습을 관찰해보세요

눈이 오는 겨울에도 둥그런 초록 잎들을 만나볼 수 있는 것은 사철나무의 가장 큰 매력이에요. 초록 잎들과 아직 떨어지지 않은 채 매달려 있는 붉은 열매들은 삭막한 겨울 풍경에 생기를 불어넣어주어요. 올겨울 사철나무를 만난다면 반가운 마음으로 초록빛을 즐겨보세요.

"나는 향나무입니다."

'향기가 나는 나무'라는 뜻의 향나무는 이름처럼 목재와 잎에서 진한 향기가 나요. 예전부터 인기 있는 정원수여서 큰 건물 앞이나 공원에 운치 있는 자태로 서 있는 향나무를 쉽게 만날 수 있답니다. 상록 침엽수로 키가 20m까지 자라요. 향나무는 진한 향기가 나고 벌레가 들지 않아 가구 만드는 목재 가운데 최고로 치며, 제례 때 피우는 향불의 재료로도 이용되니 우리의 삶과 참으로 가까운 나무이지요.

가지 끝에 갈색빛을 띠는 수꽃이 달려요. 암꽃도 가지 끝에 달리는데 크기가 작아 잘 보이지 않아요. 암꽃과 수꽃은 한 그루에 피기도 하고 서로 다른 나무에 피기도 해요.

나뭇가지 사이에 동그란 초록빛 열매가 달려요. 열매 표면은 흰 가루로 덮여 있어요. 열매는 이듬해 가을이 되어서야 완전히 익어 흑색으로 변해요.

익은 열매는 갈라지면서 씨를 내보내요. 씨는 많게는 여섯 개 정도가 들어 있어요.

어린 가지에서는 위의 왼쪽 그림처럼 뾰족한 바늘 형태의 잎이 나와요. 오래 묵은 가지에서는 오른쪽 그림처럼 부드러운 감촉의 비늘잎을 볼 수 있어요.

내 주변에서 만난 향나무와 친해지기

4월 꽃을 찾아보세요

봄이 오면 향나무의 가지 끝을 자세히 살펴보세요. 갈색빛이 도는 꽃을 발견할 수 있어요. 둥글게 달린 갈색 수꽃은 발견하기 쉬운 반면, 암꽃은 크기가 작고 잎과 색이 비슷해 눈에 잘 띄지 않아요.

6월 열매와 잎을 관찰해보세요

가지 사이에 매달린 초록빛 열매들이 보이나요? 작고 귀여운 초록 열매는 표면에 흰 가루를 묻힌 듯 흰빛을 띠어요. 울퉁불퉁한 형태는 어쩐지 재밌기도 하고요. 잎을 만져 촉감도 느껴보세요. 향나무에선 부드러운 감촉의 비늘잎과 뾰족한 바늘잎을 함께 찾아볼 수 있답니다. 모양과 촉감이 서로 어떻게 다른지 그 차이를 느껴보세요.

12월 익은 열매와 씨를 찾아보세요

검은빛을 띤 동그란 열매는 지난해에 맺힌 거예요. 조각조각 갈라진 열매 안쪽에 씨가 들어 있는지도 살펴보세요. 통통하게 여문 씨는 두세 개에서 많게는 여섯 개까지 들어 있어요. 향나무 씨앗은 사람이 심는 것보다 새들이 먹고 배설한 것이 발아가 더 잘된다고 하니 참으로 신기하지요.

자연이 보여주는
무궁무진한 색, 신비로운 구조, 수많은 질감을 느껴보셨나요?
그런 것들을 발견하며 어떤 감정을 느끼셨나요?

그때의 감정은 어린아이처럼 순수한 것이어서
사람 사이에서 부대꼈던 마음을 치유해주는 것 같아요.

거창한 깨달음을 얻지 못했어도 괜찮아요.
내 주변에 있는 나무 한 그루와 친구가 되었다면
그것만으로도 이 책의 의미는 충분했다고 생각해요.

한 그루의 나무가 살아가는 1년을 바라보고 나면
계절과 자연의 흐름을 아주 조금씩 이해할 수 있게 돼요.
그리고 그 이해가 내 삶을 아주 조금,
어떤 경우엔 강력하게 바꿔놓기도 한답니다.

하루 5분의 초록을 위해,
오늘도 함께 밖으로 나가볼까요?

Editor's letter

식물이라는 '생명체'가 늘 곁에 있었다는 걸,
가만히 쳐다보기만 해도 친구가 될 수 있다는 걸 배웠습니다.
세계의 비밀을 모르고 이번 생을 끝낼 뻔했습니다. **민**
출퇴근길, 거기에 있는지도 몰랐던 나무들에 대해 알게 되자
다른 나라 언어를 배웠을 때와 비슷한 기분이 들었습니다.
세계가 확장되는 기분이랄까요.
책을 보고 난 후에는 매일 다니던 길이 다르게 보이는 마법이 일어날 겁니다. 얍! **희**
이 책을 편집하면서 걸음걸이가 많이 느려졌어요.
앞이 아니라 옆도 보면서 걷게 되었거든요. **애**

하루 5분의

초록

1판 1쇄 발행일 2018년 10월 17일
1판 5쇄 발행일 2022년 9월 13일

지은이 한수정
발행인 김학원
발행처 (주)휴머니스트출판그룹
출판등록 제313-2007-000007호(2007년 1월 5일)
주소 (03991) 서울시 마포구 동교로23길 76(연남동)
전화 02-335-4422 **팩스** 02-334-3427
저자 · 독자 서비스 humanist@humanistbooks.com
홈페이지 www.humanistbooks.com
시리즈 홈페이지 blog.naver.com/jabang2017
디자인 스튜디오 고민 **용지** 화인페이퍼 **인쇄** 삼조인쇄 **제본** 정민문화사

자기만의 방은 (주)휴머니스트출판그룹의 지식실용 브랜드입니다.

ISBN 979-11-6080-164-4 03480